博物馆里的中国
探索科学的脚步

宋新潮　潘守永 / 主编

廖红　任贺春　赵榕　项颖 / 编著

中国盲文出版社

图书在版编目（CIP）数据

探索科学的脚步：大字版 / 廖红等编著 . —北京：中国盲文
出版社，2019.12
（博物馆里的中国 / 宋新潮，潘守永主编）
ISBN 978-7-5002-9256-2

Ⅰ . ①探… Ⅱ . ①廖… Ⅲ . ①自然科学—青少年读物
Ⅳ . ① N49

中国版本图书馆 CIP 数据核字（2019）第 251429 号

探索科学的脚步

编　　著：廖　红　任贺春　赵　榕　项　颖
责任编辑：李　刚
出版发行：中国盲文出版社
社　　址：北京市西城区太平街甲 6 号
邮政编码：100050
印　　刷：东港股份有限公司
经　　销：新华书店
开　　本：787×1092　1/16
字　　数：100 千字
印　　张：11.75
版　　次：2019 年 12 月第 1 版　2019 年 12 月第 1 次印刷
书　　号：ISBN 978-7-5002-9256-2/N·26
定　　价：38.00 元
销售服务热线：（010）83190289　83190292　83190297

序

在这里，读懂中国

博物馆是人类知识的殿堂，它珍藏着人类的珍贵记忆。它不以营利为目的，面向大众，为传播科学、艺术、历史文化服务，是现代社会的终身教育机构。

中国博物馆事业虽然起步较晚，但发展百年有余，博物馆不论是从数量上还是类别上，都有了非常大的变化。截至目前，全国已经有超过4000家各类博物馆。一个丰富的社会教育资源出现在家长和孩子们的生活里，也有越来越多的人愿意到博物馆游览、参观、学习。

"博物馆里的中国"是由博物馆的专业人员写给小朋友们的一套书，它立足科学性、知识性，介绍了博物馆的丰富藏品，同时注重语言文字的有趣与生动，文图兼美，呈现出一个多样而又立体化的"中国"。

这套书的宗旨就是记忆、传承、激发与创新，让家长和孩子通过阅读，爱上博物馆，走进博物馆。

记忆和传承

博物馆珍藏着人类的珍贵记忆。人类的文明在这里保存，人类的文化从这里发扬。一个国家的博物馆，是整个国家的财富。目前我国的博物馆包括历史博物馆、艺术博物馆、科技博物馆、自然博物馆、名人故居博物馆、历史纪念馆、考古遗址博物馆以及工业博物馆等等，种类繁多；数以亿计的藏品囊括了历史文物、民俗器物、艺术创作、化石、动植物标本以及科学技术发展成果等诸多方面的代表性实物，几乎涉及所有的学科。

如果能让孩子们从小在这样的宝库中徜徉，年复一年，耳濡目染，吸收宝贵的精神养分成长，自然有一天，他们不但会去珍视、爱护、传承、捍卫这些宝藏，而且还会创造出更多的宝藏来。

激发和创新

博物馆是激发孩子好奇心的地方。在欧美发达国家，父母在周末带孩子参观博物馆已成为一种习惯。在博物馆，孩子们既能学知识，又能和父母进行难得的交流。有研究表明，12岁之前经常接触博物馆的孩子，他的一生都将在博物馆这个巨大的文化宝库中汲取知识。

青少年正处在世界观、人生观和价值观的形成时期，他们拥有最强烈的好奇心和最天马行空的想象力。现代博物馆，既拥有千万年文化传承的珍宝，又充分利用声光电等高科技设备，让孩子们通过参观游览，在潜移默化中学习、了解中国五千年文化，这对完善其人格、丰厚其文化底蕴、提高其文化素养、培养其人文精神有着重要而深远的意义。

让孩子从小爱上博物馆，既是家长、老师们的心愿，也是整个社会特别是博物馆人的责任。

基于此，我们在众多专家、学者的支持和帮助下，组织全国的博物馆专家编写了"博物馆里的中国"丛书。丛书打破了传统以馆分类的模式，按照主题分类，将藏品的特点、文化价值以生动的故事讲述出来，让孩子们认识到，原来博物馆里珍藏的是历史文化，是科学知识，更是人类社会发展的轨迹，从而吸引更多的孩子亲近博物馆，进而了解中国。

让我们穿越时空，去探索博物馆的秘密吧！

潘守永

2014 年 2 月于美国弗吉尼亚州福尔斯彻奇市

从博物馆看科学

亲爱的读者，你看到过"神舟十号"飞船升上太空时大家兴奋的泪水吗？你模仿过辽宁号航母舰载机起飞时的"走你"手势吗？你希望拥有一台一秒钟能做上万亿次运算的计算机吗？

延续了古代"四大发明"的辉煌，近年来中国的科学技术飞速发展，让我们看到了这么多神奇的场景，产生了强烈的自豪感！在看到这些科技成果的时候，你有没有在自己的心中默默种下一个中国梦，一个让科技改变生活的梦？

也许你会想，这些高新技术好难理解——为什么飞船能升上太空？为什么航母能驶向大海？为什么计算机能那么聪明？那我告诉你，其实这些也不是很难！有一个地方，可以让我们了解到高新技术的婴儿期是什么样，可以让我们一起动动手，动动脑，漫游科学——这个你可能暂时还不知晓的奇境！

这个美妙的地方，就是科技馆！

科技馆可是个动手动脑又玩学结合的好地方！全国各地有许多科技馆，主要的省会城市几乎都有。科技馆里有各种各样好玩儿的活动：半球形的电影院展现着特效电影的魅力，科学家的讲座开阔视野，精彩的科普剧、科学实验、科学表演在环环相扣中揭开了现象背后隐藏的原理。当然，最让人难忘的还是那些妙趣横生的展品，从古代可以使水花在盆中跳跃的龙洗，到现代悬浮在空中行驶的列车；从奇怪的方轮车，到令人头晕目眩的倾斜小屋……精彩纷呈！

试想一下，假如你是一名魔术师，能不能表演一个隐身绝技？能不能力气大到自己将自己拉起来？你也许还想知道宇航员漫步月球的感觉，想知道咱们的老祖宗没有里程表是如何知道车子跑了多远的！

你的这些梦想通通可以在科技馆里得到实现，你的这些问题也通通可以在科技馆里找到答案。什么磁悬浮列车、深海机器人，什么长征火箭、神舟飞船，就连你看不到的火星沙尘暴在科技馆里都可以找到。科技馆的展品，既可以让你领略中国古代科技的辉煌，又可以让你洞悉现代科学的发达，同时也能让你认识到我国与一些发达国家在科学技术方面还有一定的差距。同学们，你们是祖国的未来，国家的科技进步同样要靠你们去完成、去实现。科学技术并不神秘，也不高深，到有趣的科技馆去看一看、玩一玩、动一动、想一想，你一定也会爱上科学。

别再犹豫啦，就让我们一起打开这本书，走进科技馆，畅享科学带来的快乐吧！

目 录
CONTENTS

第二章　让你的脑子动起来——脑力健身房 / 023

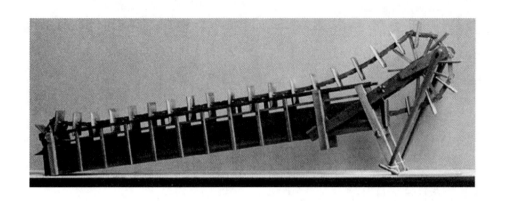

第三章　动手动脚欢乐多——神奇的机械装置 / 045

第四章　风火轮与筋斗云——日行千里的交通工具 / 071

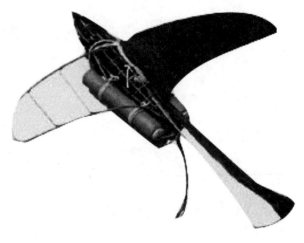

第五章　猜猜我是谁——喜欢捉迷藏的声波 / 099

第六章　一起来漫游奇境——更多神奇等着你 / 121

第 一 章
眼见不一定为实
——顽皮的光

人们从外界获得的信息中，超过90%是从视觉中得到的。有句话叫作：耳听为虚，眼见为实。但很多时候，你的眼睛也会和你开玩笑，你看到的不一定是真实的，你没看到的也不一定不存在。光就像个聪明顽皮的孩子，跳跃着，穿行着，带你走进奇妙的世界。

大开眼界

会拐弯的眼睛——潜望镜

如果隔着一堵厚厚的墙，怎么才能看到墙外的景象呢？在潜水艇里的士兵怎么才能侦察水面上的情况呢？

其实这些并不难。有了潜望镜，一切就都迎刃而解了。

照过镜子的人都知道，通过一个平面镜，人可以看到自己的像。这是利用了光的反射定律。平面镜将光线反射到眼中，你就看到了自己。根据这个定律，将一根方形的管子上端向前弯90度，下端向后弯90

度，管子里上下拐弯处各装一块平面镜，使两镜相互平行、镜面相对且与水平成 45 度角，这样就制成了最简单的潜望镜（图 1.1.1）。

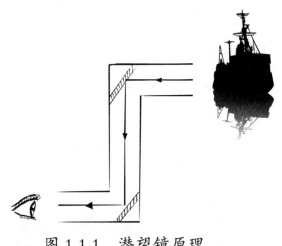

图 1.1.1　潜望镜原理

你可以用这种简单的潜望镜观察一些被挡住而看不到的东西。眼睛从管子下端的孔望进去，就可以"窥视"到墙外的景象了！

当然，实际应用的潜望镜要比上述的结构复杂，但基本原理是一样的。

据记载，潜望镜的原理首先是由中国人发现的。公元前 2 世纪，我国西汉时期的一本书《淮南万毕术》中写道："取大镜高悬，置水盆于其下，则见四邻矣。"其意为取一面镜子高高挂起，镜子下面放一个盛有水的盆，院外的景物通过镜子反射到水盆里的水面上，通过水面再反射到人眼睛里，这样人就看到院外的景物了。移动水盆或转动镜子，还可以看到院外的其他景物。这说明当时的中国人已经知道光线是直线传播的，也掌握了光线的反射规律。能够运用这些规律构思出这样一个装置，确实是很不容易的。它可以说是世界上最早的潜望镜的雏形（图1.1.2）。

潜望镜最大的用途就是在军事上。有了它，你可以躲在战壕里或掩体后观察敌情，却把自己隐藏起来，不易被敌人发现，避免直接受到伤害。当然，它更多

图 1.1.2　科技馆里的古代潜望镜模型

图 1.1.3 科技馆里的现代潜望镜模型

的时候还是用在潜水艇上。

　　第一次世界大战期间，潜水艇成了海上霸王。它潜伏水下，却洞察海面，出其不意地攻击水面船只，潜望镜可以说是功不可没。今天，核动力潜水艇已成为海军的主力，它只需补给一次燃料，就可以在海底停留数月之久，而潜望镜仍然是潜水艇了解水面情况的重要工具（图 1.1.3）。

　　潜望镜的用途还不止于此。人们利用它能够间接观察事物的特点，开辟了一些新的用途。意大利人雷瑞齐在考察罗马北方一处古代伊特鲁利亚人的坟场时，把一座墓室上的土层钻穿，向墓中伸入配有照明设备的潜望镜，用来观察墓室里的情况，判定这墓室是不是有发掘价值。他还在潜望镜上安装照相机，将有关的资料拍摄下来，供研究使用。

小眼儿里的大世界——小孔成像

你知道世界上第一个小孔成像实验是谁做的吗？是我国春秋战国时期的大科学家墨翟，也就是墨子。墨子和他的学生在一间黑暗的小屋朝南的墙上开了一个小孔，一个人对着小孔站在屋外，日光照射下，屋里与小孔相对的墙上就出现一个倒立的人影。对这种奇怪的现象，《墨子》中有这样的记载："景光之人煦若射。下者之人也高，高者之人也下。足敝下光，故成景于上；首敝上光，故成景于下。在远近有端，与于光，故景库内也。"意思就是，阳光照着人，就跟射箭似的，走直线。从脚下射出的光线射到高处，而从头顶射出的光线射到低处。从脚部射向低处的光被墙挡住了，所以脚部的像就出现在了对面墙壁的高处；而从头部射向高处的光也被墙挡住了，头部的像也就射在了对面墙壁的低处。人离小孔的距离改变，墙壁上的像的大小也会改变。离小孔越近，像就越大。这是对光的直线传播和小孔成像的第一次科学解释（图 1.1.4—图 1.1.5）。

图 1.1.4　科技馆里的"小孔成像"

图 1.1.5　小孔成像原理

其实我们的眼睛成像也包含小孔成像的原理呢。眼球中的角膜和晶状体相当于一个凸透镜，视网膜相当于底片。从物体发出的光线经过人眼的"凸透镜"在视网膜上形成倒立、缩小的像，分布在视网膜上的视神经细胞受到光的刺激，把这个信号传输给大脑，经过处理，人就可以看到物体的正像了。

科学档案

你看不见我！你看不见我！

当你的朋友走进这个空间时，他身体的大部分被活生生地吞噬了，只剩下一个脑袋（图 1.2.1—图 1.2.2）！这不是惊悚片的内容，而是科技馆中的一种"隐身"技术。它巧妙地利用光的反射原理，让你在视觉上形成错觉，事实上你看到的平面镜中的像是由光的反射线的反向延长线的交点形成的，是虚像。虚像与人所占的空间区域等大，距离相等，很巧妙地让人隐藏起来，结果你只看到一个活动的人头，却没有了身体。其实，只要你绕到镜子背后，一下子就真相大白了

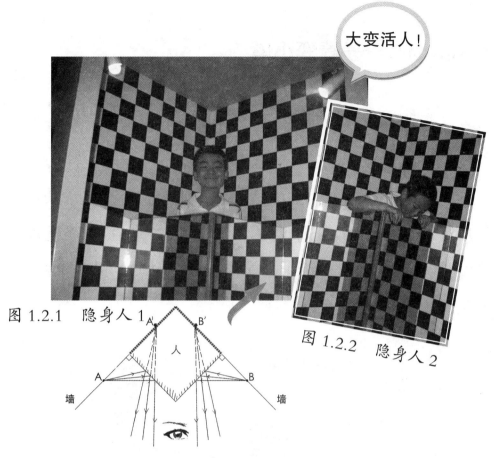

大变活人！

图 1.2.1　隐身人 1

图 1.2.2　隐身人 2

图 1.2.3　"隐身人"光学原理

（图 1.2.3）！

　　同样的原理经常在魔术中被应用。想想我们在魔术中常看到的"大变活人"，在观众的一阵阵惊呼中，曼妙少女在魔术师的指挥棒下招之即来挥之即去。其实魔术师的动作通通是障眼法，就是为了吸引观众的注意力，其玄妙之处，还是在装人的箱子上。

大小随你心——畸变小屋

你想不想突然间长高，一下子超过伟岸的爸爸和窈窕的妈妈？别发愁，到科技馆的"畸变小屋"来，立刻实现你的梦想！进到小屋里，让妈妈站到高处那个角落，你站在低处那个角落。好啦，现在让爸爸通过外边的观察孔把看到的景象拍一张照片吧。哈哈，你比妈妈高了（图1.2.4）！

图 1.2.4 "畸变小屋"效果

在我们的视觉习惯中，事物是近大远小的，我们的脑子已经这样处理事物的远近关系了，但是，在这间小屋里，当近处的人站在你认为是远处的地方，你反而会觉得他变得更高大了，这是为什么呢？小屋中低的那个墙角给了你比实际距离远的感觉，缩小了的层高衬托出站在这里的人的高大；而高的那个墙角夸大的层高，使人在视觉上变得矮小。从门口向屋内看去，小屋上、下、左、右四面向里延伸，形成一个半锥体结构，小屋里的装饰画也随着这个半锥体结构形成了反透视（简单地说，就是近小远大）效果。观察孔的位置正好是半锥体上的一点，形成了反透视的畸变效果。小屋内部结构与装饰把小屋还原成正常的长方体，而站在屋子里的两个人会展现出与实际不相符的大小比例（图 1.2.5）。很神奇的现象，是不是？

图 1.2.5 "畸变小屋"原理

图上的两条白线哪条长？用尺子量量吧！

是你？是我？

和朋友分别站在玻璃的两侧，你会看到谁？你，还是他？你会说，当然是他了。可是，再仔细想想，你在地铁的玻璃窗前、商场的橱窗前，是不是也看到过自己美丽的身影，一如照镜子般清晰？

科技馆里有一个展品叫作"是你是我"，就讲了玻璃在不同光线下的反射和透射这两种现象（图 1.2.6）。

图 1.2.6　科技馆展品"是你是我"

利用半透半反射膜，当自己一侧的光线强于对方时，只能从镜中看到自己的像；当对方光线亮度大于自己一侧时，透过玻璃看到的是对方的像；当自己一侧光线与对方一侧光线的强度差别不大时，镜中就出现了自己的像和对方的像叠加在一起的现象。

我们在电影、电视剧中也常看到这种原理的应用，比如审讯室的里外间。犯人在外间受审时，警察可以在里间透过一面玻璃观察审讯情况，而外间受审的犯人对此却浑然不知。这面分隔里外间的玻璃叫单向透视玻璃，是一种对可见光具有很高反射比的特种玻璃。单向透视玻璃在使用时反射面必须是迎光面。犯人所在的审讯室，有着明亮的光线，在犯人看来，单向透视玻璃与普通镜子相似，但在里间却可以清清楚楚地看到审讯室内的情况。

化身千万——窥视无穷

想让自己的房间变大，可是又不能买一幢新房子，怎么办呢……来科技馆看看"窥视无穷"吧，一定能给你启发的！

"窥视无穷"这件展品展示了平面镜之间多次反射成像所形成的奇特效果：两面相向的镜子能在它们之间把光线来回反射。每当从一个景象射出的光线被反射时，就会产生一个比这个景象更远的像，于是形成一直延伸到无尽远处的无限重复的"长廊"。在空间较小的房子内，挂上两面相对的镜子，你就会感觉空间一下子变大了很多，这是同样的道理（图 1.2.7）。

图 1.2.7 "窥视无穷"中的人像

动手实验

"魔杯"到底魔在哪儿?

材料：一只底部内壁有明显突起的无色透明的小瓶、一枚硬币、水

步骤：

1. 先验证一下小空瓶的底部是否有明显突起。把瓶底对准阳光，能把光线汇聚就行了。

2. 放一枚硬币在桌上，把小空瓶放在硬币上，通过瓶口观察瓶底下的硬币，你会发现硬币被放大了！

空瓶成了放大镜。

3.逐渐加大瓶底与硬币间的距离，硬币的像不断增大，一会儿，硬币的像不见了。

4.保持瓶、币间的距离，往瓶内注入少许清水。

5.随着瓶底被水淹没，一个清晰的硬币的像又出现了。

原理：这得从凸透镜的成像规律谈起。当物距小于1倍焦距时，像为放大的虚像，且像与物位于透镜同侧；当物距等于或大于1倍焦距时，透镜不成像或成实像。但透镜焦距并非一成不变，我们可以通过改变透镜周围的介质，"拉长"或"缩短"透镜的焦距。在上述实验中，当硬币的像不见时，瓶底与硬币间的距离大致与透镜的1倍焦距相等。向瓶内注入水后，犹如在瓶底凸面上加了一个"水凹透镜"，"水凹透镜"对光线的发散作用"拉长"了瓶底凸透镜的焦距，从而使原来位于瓶底透镜焦点上的硬币一下进入"组合透镜"的1倍焦距之内，所以清水就能显出硬币的像了（图1.3.1—图1.3.3）。

你知道吗？ 有一种有趣的酒杯——"魔杯"，会给你的家宴增添不少乐趣。当你向杯中注入酒时，杯底会呈现出栩栩如生的龙凤画面，但当你饮完杯中酒后，龙凤也跟着无影无踪了，就像你把龙凤也喝了进去。

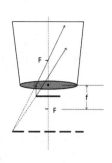
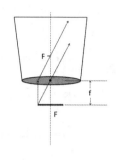
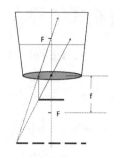

图 1.3.1　透过小瓶 　　图 1.3.2　透过小瓶 　　图 1.3.3　透过小瓶
看硬币光学原理图 1 　看硬币光学原理图 2 　看硬币光学原理图 3

显然，龙凤是不会随着酒喝到肚子里去的，原来，这也是光线在作怪。

仔细观察能显像的酒杯——"魔杯"的构成，可以发现它的底部有圆弧形的凸起，相当于一个焦距很短的凸透镜，在这一凸起的下方不远处嵌有一张比透镜直径小得多的龙凤画片……现在，你明白"魔杯"的奥秘了吧！

多像镜照出无数个自己

材料：一副合页、双面胶、两面镜子、一个小小的物体

步骤：

1. 在合页闭合面的两个金属片上分别粘贴双面胶。

2. 将两面镜子镜面相对，并将带有双面胶的合页粘在位于镜子高度约二分之一处的镜子背面，用力按压合页，使其与镜子粘牢。

3. 打开两面镜子，将一个小小的物体放在两面镜子的夹角处，调整两面镜子的夹角，观察镜内的成像有什么规律。

原理：这个实验反映了光的反射原理。当两面镜子拉平时（即两镜面的夹角为 180 度），镜内只成一个像，相当于一块平面镜。逐渐缩小两面镜子的夹角，会发现成像越来越多，直至两面镜子将小物体夹住不能再缩小时，会发现两面镜子里有规律地排满了该物体（图 1.3.4）。其实在理论上，当两面镜子的夹角为 0 度时，位于其中间的物体会成无数个像。

你知道吗？给你两面镜子，你能照出几个自己？一个？两个？三个？无数个都有可能！这要看你把镜子怎么放了。如果两面镜子并排放，拼成一面，当然

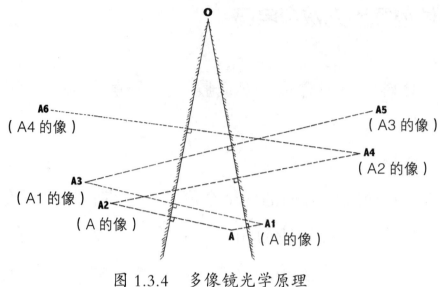

图 1.3.4　多像镜光学原理

就是一个自己。但当你缓缓转动其中一面，你会发现出现了两个自己，两面镜子成了直角时，哈哈，三个！继续转，越来越多！当两面镜子相对平行时，就能照出无数个自己啦！

趣味故事

阿基米德火烧战船

　　关于大名鼎鼎的古希腊物理学家阿基米德的故事讲也讲不完：大船造好了，没法儿拖下水，他制造出滑轮；国王的皇冠是不是纯金打造，无法辨别，他通过浮力来检测；甚至，他口出狂言："给我一个支点，我能撬动地球！"可你知不知道，他曾利用镜子反射的太阳光，取得了一场战争的胜利。

公元前 215 年，罗马帝国的名将马塞拉斯率领着强大的海军，乘着战舰，攻打古希腊名城叙拉古。面对浩浩荡荡的舰队，小小的叙拉古乱了阵脚，国王和百姓都不知所措。可是天无绝人之路，偏偏城里住着科学巨匠阿基米德。这位当时已经年过古稀的老人挺身而出，发动全城的妇女拿着自己锃亮的铜镜来到海岸边。烈日炎炎下，阿基米德拿起一面镜子，调整角度，让它把太阳光恰好反射到敌人战舰的船帆上，一个亮亮的光斑清晰可见。随后，阿基米德一声令下，

高喊："让你们手中的镜子把光反射到这个亮点上！"不管老幼，妇女们都学着阿基米德的样子，用镜子把太阳光反射到船帆上，对准那个光斑。不一会儿，船帆冒起了青烟，敌舰起火了！不可一世的罗马帝国海军大败而归。今天我们很容易就明白，这是利用了光的反射原理，无数的小镜子把反射的阳光集中到一点，使得这一聚光点的温度急剧升高，引燃了船帆，烧毁了古罗马战船，取得了战役的胜利。

能动的装饰画

在很多年以前，有个富人，要盖一所新居。他听说有个远近闻名的画匠总会有一些惊世之作，就请画匠为他的新居画一幅画。他对画匠说："你给我画的这幅画，一定要与众不同，要常看常新。至于钱嘛，只要这画可了我的心，由你开价喽。"画匠去他新居的地址考察了一番说："好吧。我只有一个条件，你要在这个位置上开一个大窗，对面是一面高墙。等你盖好了房子就来取画吧。"

富人精心设计、大兴土木，房子盖了整整三年。三年后，富人如约去画匠那儿取画。在富人充满期待的目光中，画匠让人把画小心翼翼地抬了出来。一下

子，富人惊呆了！那惊世之作，原来只是一块八尺长的大木板，上面除了涂上一层漆外，什么也没有！富人大发雷霆，认为画匠欺骗了他。画匠告诉他："你先息怒，回去把这块木板挂在窗子上，你就会得到一幅很美的画。"富人将信将疑，让人将木板运回了家，按照画匠的说法，把木板挂在了向阳的窗户上。太阳一出来，奇迹出现了：在窗户对面的墙上出现了亭台楼阁和行人车马，而且还在动，只不过画面是倒着的！

　　原来，画匠利用的是小孔成像的原理，在木板上钻了一个洞，太阳光将窗外的风景，透过小洞映在了墙上！

第二章
让你的脑子动起来
——脑力健身房

　　人的大脑是个神奇的组织，关于它，有许多说法：年纪大的人脑筋不好，是因为死了很多脑细胞；脑袋越大越聪明，脑褶皱越多越聪明；左撇子比较聪明……这些说法还真不好确定正确与否。但我们可以确定的是：大脑的潜力远远没有被开发出来。所以千万别让你的大脑闲着，要让它动起来，让大脑深呼吸，给大脑做体操，你的大脑才能变得更聪明。

大开眼界

脑力体操的鼻祖——华容道

中国游戏"华容道"（图 2.1.1）和法国人发明的独立钻石棋、匈牙利人发明的魔方一起被称为"智力游戏界的三大不可思议"。

图 2.1.1　华容道

"华容道"游戏取自著名的三国故事。赤壁大战中，曹操被刘备和孙权的"苦肉计""火烧战船"打败，被迫退逃到华容道，却又遇上了诸葛亮设下的伏兵。关羽为了报答曹操对他的恩情，明里相逼，暗中退让，终于帮助曹操逃出了华容道。"华容道"这个游戏就是依照"曹瞒兵败走华容，正与关公狭路逢。只为当初恩义重，放开金锁走蛟龙"这一故事情节布置的棋子。

经过多年的传播和演变，今天我们看到的"华容道"的经典样式如下：棋盘有 4×5 个方格，棋子有 10 个，其中最大的 1 个棋子占 4 个方格，叫曹操；张飞、赵云、马超、黄忠这 4 员大将各占 2 个竖着的方格；关羽占 2 个横着的方格；剩下 4 个小卒各占 1 个方格。所有人员各司其位，占据 18 个方格，大将们对曹操围追堵截，曹操要用空余的 2 个小小的方格进行周旋，最后顺利从最上部转移到最下部的出口。怎么样，看上去既有趣又复杂吧（图 2.1.2）！

图 2.1.2 科技馆里的"华容道"

其实，"华容道"中包含着复杂的数学计算，它背后的数学原理，直到今天也还是未解之谜。在中国，1952年，数学家许莼舫在《数学漫谈》一书中详细分析了"华容道"游戏，给出了100步的解法。经过世界各国大师十几年的努力，游戏解法步骤在一步步减少。1964年，其经典布局"横刀立马"的一个新解法被发现了，只有81步，由美国数学家马丁·加德纳在一本杂志上给出。但这是不是最优解法呢？后来，美国人通过计算机用穷举法证明，81步是最优解法，不可能有步数再少的解法了。最有趣的是，美国人用计算机找到最优解法后，竟然骗中国人说是美国一位著名的博士推理得到的，这位博士是谁呢？他的名字叫作Computer（计算机）！当然，这样的谎言很快就被识破啦！

咬在一起的木头——鲁班锁

鲁班锁（图 2.1.3）相传是生活在春秋时期鲁国的工匠鲁班发明的，也有传说是三国时期诸葛亮发明的，其原理运用了八卦玄学，所以鲁班锁也常被叫作孔

图 2.1.3　鲁班锁

明锁、八卦锁。它起源于中国古代建筑中最具特色的工艺——榫（sǔn）卯结构。这把锁貌似简单，其实却奥妙无穷，拆起来容易装起来难，要是不得要领，你花上一天时间也不一定能再装上（图 2.1.4）。

怎么拼不上了？

图 2.1.4　小朋友在科技馆认真拼鲁班锁

　　我国古代的很多建筑和这神奇的鲁班锁有着异曲同工之妙，就是木结构间的连接不用钉子、不用胶水，完全使用榫卯结构。这些建筑的工艺之精湛，结构间扣合之严密，彼此支撑之牢固，可以说是天衣无缝，令人叹为观止。

　　这种榫卯结构的技术形式是内在的，蕴含着大智慧，虽然外表在旁人看起来一点儿都不起眼，但它却是古代工匠安身立命之本。工匠手艺高低，看看他做的榫卯结构就一目了然了。古代的工匠师傅为了教徒弟，就从建筑中单把这部分结构取出来，让弟子反复练习直到熟记于心，这种木块构造也就是鲁班锁的雏形。

　　现在作为益智玩具的鲁班锁有多种形式，但其基本原理相同，都是用中间有缺口的短木，彼此咬合，紧密结合成为一个整体。这种玩具体现着浓郁的中华民族传统文化的气息。

再告诉大家一个小秘密，中国科技馆建筑本身就是一个巨大的鲁班锁形状呢（图2.1.5—图2.1.6）！

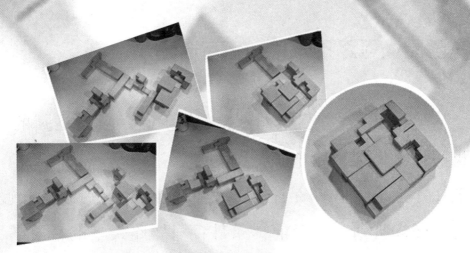

图 2.1.5　鲁班锁拼成的中国科技馆模型

图 2.1.6　鲁班锁造型的中国科技馆

科学档案

车够酷，可路不好找——方形轮

车轮是什么形状的？你一定会说，当然是圆的！我们日常见到的轮子都是圆的，所以滚起来又快又稳。坐在车上，只要路是平的，我们就不会感到颠簸。慢着，好像听到了一个前提条件：只要路是平的！对了，如果路不平，就算轮子再圆，走得也不会平稳。在科技馆里，就有这么一辆车，它的轮子不是圆的，而是方的。但这辆车依旧走得稳稳当当，一点儿也不上下颠簸。其奥秘就在于这方形轮车走的路面也不是平的，

而是一条特殊的轨道。这条轨道是由与方形轮相匹配的有适当间距和尺寸的啮合块组成的。当方形轮车前进时，轨道曲面与方形轮密切"配合"，使方形轮与轨道接触时始终保持线性接触，同时正

好使方形轮的中心高度保持不变，车的重心高度当然也就不会变了，所以在轮子不圆、路也不平的情况下，车反而能稳稳当当地行进（图 2.2.1）。

图 2.2.1　方形轮

四两拨千斤的神功——手指推大厦

10 张多米诺骨牌竖直排列，一张比一张体积大、重量沉。当屏幕上出现"准备完成"的指令时，顶起骨牌的小棍儿就缩回去了。观众用一个手指，就能轻而易举地把第一张小小的骨牌推倒。后边的骨牌也一张接一张倒下了！当最后一张真实的骨牌倒下后，投影演示的是继续会发生的一系列状况：倒下的牌越来越庞大，直到最后一张比摩天大楼还大的牌也轰然倒下。多么神奇的力量呀！这件展品演示的就是能量在多米诺骨牌的传递过程中呈几何级数增长的情景（图 2.2.2—图 2.2.3）。

图 2.2.2　手指推大厦 1　　　图 2.2.3　手指推大厦 2

几何级数增长就是以指数的形式增长，可以表示成"x 的 y 次方"的形式，比如：2、4、8、16、32、64、128……

几何级数增长的速度很惊人，在现实生活中也有很多例子，比如细胞的繁殖、人口的增长。这种形式的增长速度超乎想象，会产生天文数字。

直线也婀娜——双曲狭缝

双曲狭缝是一件有趣的展品，缓慢地转动直棒，会有不可思议的事情发生：直棒从弯曲的槽中通过了。

一条直棒与其转轴成一定角度固定，直棒绕轴旋转的轨迹在空间上就形成了一个双曲面。从双曲面的顶端到底部，沿弯曲的边缘画出的线就是双曲线。塑料板上刻出的槽正好与直棒在空间中画出的双曲线轨迹相符，所以直棒旋转时就正好穿过了弯曲的槽（图2.2.4）。

图 2.2.4　双曲狭缝

由于有良好的稳定性和漂亮的外观，双曲面常常应用于一些大型的建筑结构，如发电厂的冷却塔（图2.2.5）、电视塔等。

火力发电厂的冷却塔常用的外形之一就是旋转单叶双曲面，它的

图 2.2.5　有着双曲面的
发电厂冷却塔

优点是对流快、散热效果好。

吐啊吐就习惯了——倾斜小屋

一听这个展品的名字，大家可能会想，倾斜就倾斜呗，有什么特别的？可一旦你真的走了进去，就会发现，一个倾斜的小屋会给人多么奇特的感受（图 2.2.6）。

图 2.2.6 倾斜小屋

在倾斜小屋里，明明看到地面是平的，你却会感到头晕目眩，行走困难。原来这是一间与地面倾斜角度为 15 度的小屋。站在这间小屋里，你的身体也是倾斜的，所以看不出房子的倾斜，但是，我们的前庭器官和肌肉组织却是依靠重力来确定身体的重心的，它们告诉我们，我们的身体是倾斜的。这两种信息会在脑中发生纠纷，让我们不知所措，不能判断自己到底是倾斜还是直立，所以会感到头晕目眩，寸步难行（图 2.2.7）。

既然前庭器官能够感觉到水平状态，那它肯定还有另外一个作用，没错，它还能帮助我们保持平衡。比如，当我们乘公交车时，如果突然刹车，我们没有做好心理准备，就会快速向前倾斜，但很快又能控制住自己的身体，不至于摔个嘴啃泥，这就是前庭器官起到

哎呀，站不稳！

图 2.2.7 在"倾斜小屋"中站立困难

了帮助我们调整身体姿态、保持平衡的作用。

乘上云霄飞车的小球——最速降线

在科技馆的展厅里，摆着一个有点儿像滑梯的展品：两个并排的滑板，它们的起点与终点一样，但一个是斜而平的，另一个向下做了一点儿弯曲。当两个球同时从上面滑下时，人们一般会认为斜而平的滑板上的球会先到达终点。可是结果却出人意料，在向下弯曲一点儿的滑板上滚动的球先到了终点！这似乎与人的直觉产生了矛盾。两点间线段的距离最短，弯曲的路线一定比直的路线更长一些。在我们的想象中，通过距离短的总应该比通过距离长的先到。然而事实与我们的想象相反。

图 2.2.8　最速降线

　　那么，是不是所有从弯曲轨道上滚落的球都能比从斜直轨道上滚落的球先到呢？并非都是如此，轨道的弯曲程度要恰到好处才行。这是物理学中一个古老而著名的问题——最速降线（图 2.2.8）问题。它是瑞士数学家约翰·伯努利提出来的。这个问题是求从给定点到不是在它垂直下方的另一点的一条曲线，使得一质点沿这条曲线从给定点滚落所用时间最短，当然摩擦和空气阻力都忽略。当时许多著名的科学家，如牛顿、莱布尼茨、约翰·伯努利和他的哥哥雅各布·伯努利等，都针对这个问题展开了认真的研究工作。

其实，这个问题伽利略在 1630 年和 1638 年曾系统地研究过，他给出的答案是圆弧，但这是一个错误的结果。牛顿、莱布尼茨和伯努利兄弟最终找到了正确答案，结论是沿着旋轮线（车轮在平地上滚动，轮沿上一个固定点在空间描画的轨迹）滚落最省时，因此旋轮线也被称为最速降线。

在我国古代建筑中有一种"大屋顶"的房子，比如北京故宫中的一些建筑，从侧面看，屋顶不是三角形，而呈两条曲线，屋檐上翘，显得格外雄壮。大屋顶上的曲线就是最速降线，可以让降落在屋顶上的雨水以最快的速度流走，这对保护建筑物很有好处（图 2.2.9—图 2.2.10）。

图 2.2.9　北京故宫

我们的头上顶着最速降线哟！

图 2.2.10　嘉峪关城楼

动手实验

你能把纸折几层?

材料：一张你能找到的尽可能大、尽可能薄的纸

步骤：

1. 把纸对折。

2. 把对折后的纸再次对折。

3. 一次一次对折，看看能折几次？

原理：这是一个几何级数增长的概念。对折一次，纸有 2 层；再对折，有

4 层；对折 3 次，就是 8 层……对折的次数为 n，纸就有 2^n 层。对折 7 次时，共有 128 层纸，通过一些技术手段，勉强还能对折。但当你折 8 次后，已经有了 256 层纸，再对折一次就相当于同时折叠 256 张纸，这几乎是不可能完成的任务了。

你知道吗？几何级数增长的速度是令人惊奇的，现在的实验中，用超薄的纸，借助机器也只能折 9 次！出乎意料吧？这就是令人惊讶的几何级数增长的速度。

趣味故事

什么是莫比乌斯带

在科技馆的展厅里有一个名叫"三叶纽结"的展品。它高 12 米，整体宽度 10 米，由三条宽 1.65 米的带形成的一根三棱柱经过三次盘绕，将其一端旋转 120 度后首尾相接构成。它实际上是由莫比乌斯带演变而成的（图 2.4.1）。

曾做过著名数学家高斯助教的莫比乌斯在 1858 年与另一位数学家各自独立发现了单侧曲面，其中最有

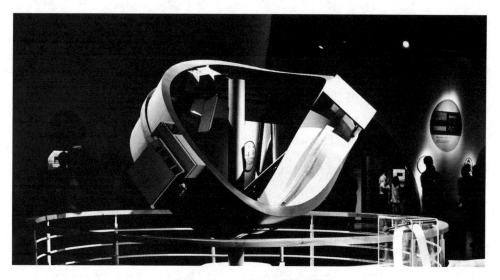

图 2.4.1　莫比乌斯带

名的就是莫比乌斯带。如果想制作这种曲面，只要取一张长方形纸条，把一个短边扭转 180 度，然后把这边跟对边粘贴起来，就形成了一条莫比乌斯带。当用刷子给这个图形上漆时，能连续不断地一次就刷遍整个曲面。如果给一个没有扭转过的带子刷漆，一面刷过了，要想刷另一面，就必须把带子翻过来。

　　莫比乌斯带有点儿神秘，一时又派不上用场，但是人们还是根据它的特性编出了一些故事。据说有一个小偷，偷了一位老实农民的东西，并被当场抓获，人们将小偷送到县衙，县官发现小偷正是自己的儿子，于是在一张纸条的正面写上"小偷应当放掉"，而在纸的反面写了"农民应当关押"。县官将纸条交给执事官，由他去办理。聪明的执事官将纸条扭了个弯，用手指将两端捏在一起，然后向大家宣布：根据县太爷的命令，放掉农民，关押小偷。县官听了大怒，责问执事官。执事官将纸条捏在手上给县官看，从"应当"二字读起，确实没错。仔细观看字迹，也没有涂改，县官弄不懂其中奥秘，只好自认倒霉。

当然，县官知道肯定是执事官在纸条上做了手脚，怀恨在心，伺机报复。一日，他又拿了一张纸条，要执事官一笔将正反两面涂黑，否则就要将其拘役。执事官不慌不忙地把纸条扭了一下，粘住两端，提笔在纸环上一画，又拆开两端，只见纸条正反两面均涂上了黑色。县官的毒计又落空了。

现实中可能不会发生这样的事情，但是这个故事却很好地反映出莫比乌斯带的特点。

现在，莫比乌斯带在生活和生产中已经有了一些应用。例如，在用皮带传送的动力机械中，皮带可以做成莫比乌斯带的形状，这样皮带就不会只磨损一面了。如果把录音机的磁带做成莫比乌斯带的形状，就不存在正反两面的问题了，磁带就只有一个面了。

1200 小时解出的四色定理

古时候有一个国王，年轻时出生入死，南征北战，建立了属于自己的王国，在国王的治理下，人民安居乐业，国家繁荣富强。但国王就算是有着至高无上的权力也不能抵抗岁月的流逝，终于也到了即将撒手人寰的时候。

国王一生最看重的就是他打下的江山和他的五个儿子，这两样让他怎么也放心不下，他不愿意看到国土被儿子们分得支离破碎，更不愿看到自己的骨血为了争夺疆土和权力而反目成仇。在弥留之际，他把五个儿子叫到床前，宣布了他的遗嘱：五个王子如果想各自立国，可以将国土分为五份。但是，每一个小国都必须和其他四个小国有共同的国界。否则，就不允许王子们各自立国。

国王去世了，王子们都想拥有自己的一亩三分地儿，想当国家的统治者，迫不及待地开始分割国土。五个人忙得不亦乐乎，又请来了各自的高参，可是，不管怎么分，就是达不到国王的要求——让每个小国和其他四个小国有共同的国界。

王子们郁闷了，这可怎么办？他们只好请来父亲最信任的大臣。大臣微微一笑，从兜里掏出一个锦囊，里边放了一封国王亲笔写给五个王子的信。信中写道："我亲爱的王子们，我的遗嘱是一道永远也解不开的难题，我提出这样的要求，是希望你们能够亲密、团结，永远不要分开。"

王子们终于理解了父王的良苦用心，他们和睦相处，齐心协力，把国家治理得更加强大。

故事的真假无从考证，但从这个故事中，我们可以知道，如果想把一个区域分成五块，是绝不可能让每一块都能和其他四小块有共同的边的，最多只能保证四个小块有共同的边。也就是说，如果想给一个有多个区域的地图着色的话，最多需要四种颜色，就可以区分各个区域！

这就是著名的四色定理，它最初只是一种猜想，是世界近代三大数学难题之一。从 1852 年英国人提出这个猜想后，100 多年来，许多科学家为之努力，但一直没有得到证明。直到 1976 年，美国数学家在 3 台计算机上，用了 1200 个小时，才完成了"四色猜想"的证明，使得"四色猜想"升级为"四色定理"。

第三章

动手动脚欢乐多
——神奇的机械装置

机械的世界貌似冷冰冰的，少了些生气，但实际上如果你能参与其中、亲身体验，便会发现在探索科学奥秘的过程中，你的想象力会被激发出来，动手解决实际问题的能力也在不断增强。你会慢慢爱上这个世界，渴望不断吸收新的知识，探寻这个世界的内在规律，从而获得难以想象的欢乐。不信？那就请你走进科技馆，来看看这里都有什么奇妙的机械装置吧！

大开眼界

农业现代化从它开始——龙骨水车

古代的时候，没有像现在一样的喷灌设施，那古人怎么灌溉他们的农田呢？他们很聪明，发明了一种叫作龙骨水车的装置，这种装置又叫手摇翻车。手摇翻车早在汉代时就出现了，《后汉书·宦者列传》里面就记载："又使掖廷令毕岚……作翻车、渴乌，施于桥西，用洒南北郊路……"这是史书对手摇翻车的最早记载。

到了唐宋，国家更加繁荣昌盛，人口多了，需要的粮食多了，龙骨水车的作用就更大了。在农田灌溉、排水及运河供水中，到处都能看到龙骨水车勤奋工作的身影。南宋诗人陆游看见了这样的场景，就把它写进了诗作《春晚即事》中："龙骨车鸣水入塘，雨来犹可望丰穰（ráng）。"

为什么龙骨水车能为古人做出这么多贡献？原来，它是利用了链轮传动的原理，把水从河流输送到需要的地方。龙骨水车的名字，也是从它的构造上得来的。这几十个刮板构成的一条闭合的木链，形状是不是像极了一条龙的骨架（图3.1.1）？

龙骨水车工作起来可不含糊。把它安放在河边，把水车下端的水槽和刮板伸到水中，使用人力（或畜力）带动木链周而复始地翻转，装在木链上的刮板就

图 3.1.1　中国科技馆的龙骨水车模型

能将水刮入水槽，水就会被水槽带着，来到岸边对农田进行灌溉啦！只要木链不停地循环转动，水便能源源不断地被上提至高处而流入田间，这就是链轮传动的原理（图3.1.2）。可是，龙骨水车也不是万能的，受到本身体积的限制，龙骨水车只适用于在近距离且落差较小的地方提水灌溉，所以较常见于南方平原地区。

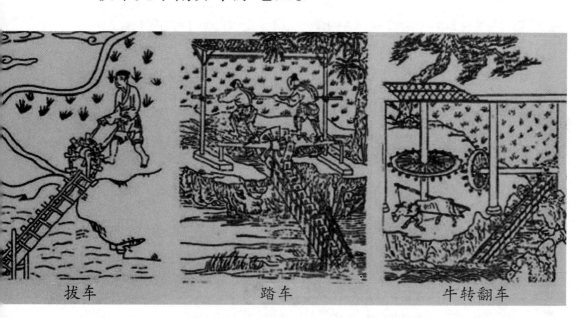

拔车　　　　　　　踏车　　　　　　　牛转翻车

图 3.1.2　不同动力驱动的龙骨水车（明代宋应星《天工开物》）

　　龙骨水车还有个兄弟，它就是可以在井中取水的立式龙骨水车（图3.1.3）。立式龙骨水车的传动装置比龙骨水车还厉害，有平轮和立轮两种，这样就可以进行动力方向的转换啦！立式龙骨水车通过一个立轮连接带有一串盛水筒的索链，立轮置于井口，索链垂于井水中，人力（或畜力）通过不同装置推动立轮，立轮带动索链旋转运动，从而使盛水筒不断地把井水提到井上。

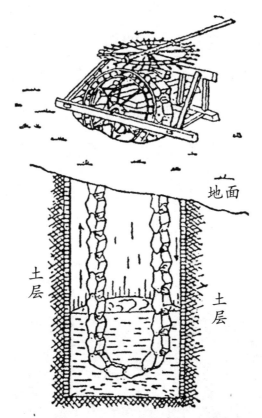

图 3.1.3　用于井中取水的立式龙骨水车

有了龙骨水车，我国古代农田灌溉问题就基本上得到了解决。有了水，庄稼生长得更茂盛了。最初的龙骨水车是用人力转动的，后来古人们又发挥自己的智慧，创制了利用畜力、水力等转动的水车，水车家族越来越庞大啦！

水边的摩天轮——筒车

如果说龙骨水车是古代早期的农田灌溉工具，那么筒车就是后人改进的一种机械取水灌溉工具了。筒车结构巧妙合理，是我国古代人民的杰出发明。

筒车（图3.1.4—图3.1.5）的主要部件是一种简易的水轮。在水轮的外缘均匀地系着许多带有倾斜度的小水筒。小水筒有木质和竹质之分。前者常见于黄河流域，后者主要分布在江南一带。

图3.1.4 生活中的筒车

图 3.1.5 《农政全书》中的筒车

当冲击筒车的水流达到一定速度时，筒车上的水轮便开始运转了。水轮的旋转带动轮上的众多小水筒相继到达水轮的顶端，从而使筒中的水自动流入顶端旁边的接水槽内，最终汇集流往农田，这样便达到了连续灌溉农田的目的。筒车的提水高度和水轮的直径有直接关系，直径越大，筒车的提水高度就越高。

是不是很神奇？这就是智慧和实践的力量！

筒车的出现，最早可追溯到隋唐时期呢。《太平广记》里记载，寺庙僧人浇园"以木桶相连，汲于井中"，可见在当时筒车已经得到了广泛应用。

此外，晚唐时期还出现了改进版的筒车——高转筒车（图 3.1.6）。高转筒车提水高度较一般筒车更高。

图 3.1.6　中国科技馆的高转筒车模型

它由上下两个水轮及铺于上下水轮上的传输索道组成。索道上系着一只盛水筒，当水轮转动时，索道上的盛水筒下行至下水轮处盛水，然后又继续随着水轮的转动上行至上水轮顶端，将水倾泻至边上的水槽内，如此循环，不断将水从低处运送至较高处进行灌溉。

唐人刘禹锡在《机汲记》里这样描述："由是比竹以为畚，置于流中……"说的就是当时高转筒车的工作场景。

利用疾速的河水带动水轮转动来进行水力传输，这就是筒车工作的奥秘。

科学档案

自力更生才是王道——自己拉自己

自己能把自己拉起来吗？这在家中是绝不容易做到的。不过如果你到了科技馆，就会发现容易多了。原来这里有一个名为"自己拉自己"的展品，利用一套可以使人省很多力气的滑轮组，把你变成大力士，这样就可以自己拉自己啦（图3.2.1）！

省力的滑轮组包括一套动滑轮（轴可以移动）和一套定滑轮（轴固定）。

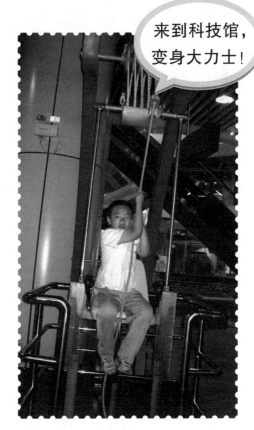

来到科技馆，变身大力士！

图 3.2.1　中国科技馆里的展品"自己拉自己"

定滑轮的作用是改变力的方向，不省力也不费力；动滑轮的作用则是省力，但不能改变力的方向。将动滑轮和定滑轮配合起来使用，就可以实现既省力又改变用力方向的功能了。

据说最早利用滑轮组进行工作的人是阿基米德。相传叙拉古的赫农王曾经给阿基米德出了个难题，让他独自一人把海里的大船拉到岸上。阿基米德精心研究后就采用了滑轮组，果真一个人把船拉上了海滩。

展品"自己拉自己"中用了六个定滑轮和五个动滑轮，这样一个人只要用略超过总负荷（人、座椅、动滑轮组等重量总和）几分之一的力就可以将自己拉起来了。

滑轮组（图 3.2.2）能省多少力主要要看动滑轮上承担重物的绳子数，如果忽略摩擦力，动滑轮上有几根承担重物的绳子，则拉力为总负荷的几分之一。如图（a），要用的拉力为砝码与动滑轮重量和的四分之

小贴士：

早在中世纪，弓箭手就利用滑轮组的原理将箭架到十字弓上。十字弓威力非常大，可以穿透盔甲。但因为十字弓弓弦特别紧，需要人们花很大的力气才能拉开，于是弓箭手利用装有一对滑轮的曲柄将箭架到弓上，达到省力的效果（图 3.2.3）。

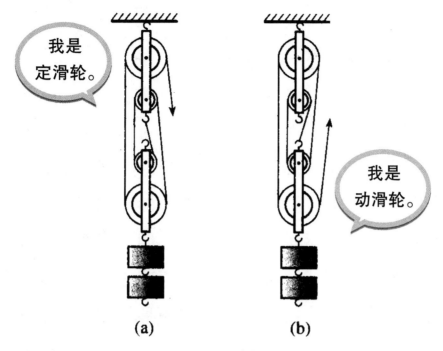

图 3.2.2 滑轮组

一，而图（b）中仅用五分之一的力便可以了，秘密就在动滑轮的绳子上。

滑轮组在现实生活中应用非常广泛，像旗杆、电梯、起重机等都用到了滑轮组。

图 3.2.3 十字弓上的滑轮

带上我去旅行吧——滚球

科技馆里有一件可以让多人参与的有趣的机械展品——滚球（图 3.2.4），它将杠杆、连杆、滑轮、凸轮、齿轮、链轮、皮带轮、螺旋等 11 种机械装置组合成运动轨道，以运送钢球的方式让同学们观察、学习简单的机械知识。通过钢球沿轨道前进过程中展现的不同运动方式，我们可以了解到各种机械装置的工作原理。

图 3.2.4　滚球

这些机械装置都是日常生活中我们经常见到和使用的，它们可以完成不同的工作。

有的装置是省力装置，如杠杆、滑轮组；有的装

置能改变运动的方式，把转动变为直线运动，如齿轮齿条传动装置、连杆升降装置等；有的装置则可以改变传动的方向，如滑轮组；有的装置以耗费更长的距离为代价来减小下降的力，如螺旋；还有的装置通过两个相互咬合的齿轮来达到省时的效果。你看，不同的装置具有各自不同的属性，你是否都记住了呢？

通过参与钢球传输的过程，大家可以充分了解各种机械装置的特性。

由于互动性强，这个展品得到了很多同学的青睐。通过集体动手配合，同学们不仅可以观察滚球在各种机械装置中的运行情况，还可以在参与的过程中增进友谊，培养团结协作的精神呢！

现实生活中，这些简单的机械装置也无处不在。比如，由于皮带传动适合长距离的运输，矿山里就常用它来进行矿石的运送。滑轮组既可以省力又可以改变力的方向，常被用在吊车上，来帮助我们提升重物。另外，随处可见的指甲刀（图 3.2.5）、啤酒开瓶器（图 3.2.6）等也都运用了杠杆的原理。

现在，请同学们再举出几个生活中运用了简单机械原理的例子吧！

我们都利用了杠杆原理哟！

图 3.2.5　指甲刀　　　　图 3.2.6　开瓶器

能让你变身大力士的跷跷板

小时候，恐怕没有几个人没玩过跷跷板吧。一条长长的板子，两边都是小朋友，忽而你高高跃起，忽而我飞离地面，玩着玩着，我们的个子也渐渐长高了。

然而科技馆的展厅里却有一个和你的认知完全不

一样的跷跷板，这个跷跷板的一端即使坐着两三个大人，另一端只坐一个小孩儿，大人们也不能将小孩儿翘起来，这是怎么回事呢（图 3.2.7）？

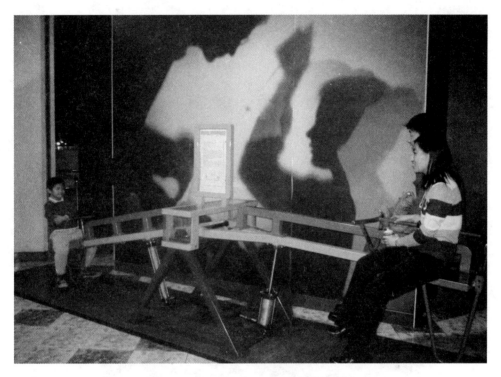

图 3.2.7 与众不同的跷跷板

原来，奥秘都在跷跷板下面的两个油缸上。两个油缸一个粗、一个细，粗油缸的受力面积是细油缸的四倍。它们连在一起构成了连通器。根据帕斯卡定律，连通器内的液体压强处处相等，而且压强 = 作用力 / 受力面积。那么粗油缸上的力必须是细油缸上力的四倍才能保持平衡。所以坐在粗油缸上的大人重量必须是细油缸上小朋友体重的四倍以上才能把小朋友翘起来呢（图 3.2.8）！

现在，你知道为什么这个跷跷板的名字叫作"帕斯卡"了吧（图 3.2.9）！

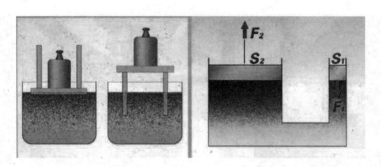

图 3.2.8 帕斯卡定律

你能找出我的身上哪处运用了帕斯卡定律吗？

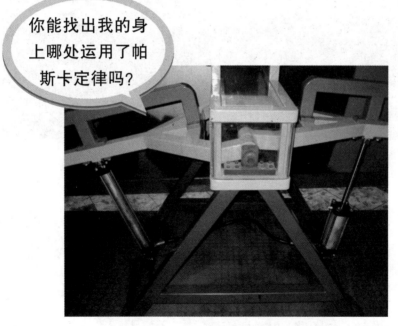

图 3.2.9 名叫帕斯卡的跷跷板

帕斯卡定律在日常生活中有很广泛的应用。如为人们所熟知的液压机，它的原理与科技馆中的跷跷板非常相似。用来抬起重物的千斤顶也利用了帕斯卡定律。

　　现在请你想一想，生活中还有哪些现象与帕斯卡定律有关呢？

水必须往低处流吗——锥体上滚

　　俗话说："人往高处走，水往低处流。"前半句说的是人要有志向和追求，而后半句说的是地球上万物都受地球引力影响的一种客观存在的自然现象。

　　但是，世上万物真的是受地球引力影响只能往低处"走"吗？科技馆就有这么一件被称为"锥体上滚"的趣味力学展品，锥体能在特定的轨道上"逃脱"引力束缚，自动从低处"爬"往高处，这现象岂不是和万有引力定律相悖？让我们来探秘这件特殊的展品吧。

　　这是一件由放在水平桌面上的两条倾斜轨道和一个双锥体组成的展品（图3.2.10）。两条倾斜轨道低端靠近，高端分开，形成一个夹角。随着轨道高度的增加，轨道夹角也不断增大。当我们把锥体放在轨道低端，放手后，它似乎摆脱了地球的引力，反而向轨道高端滚去……这是为什么呢？

　　我们再次仔细观察一下本展品的主角——双锥体

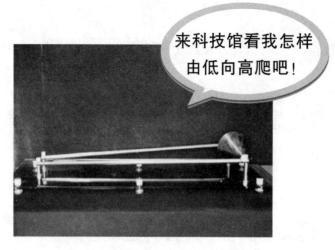

图 3.2.10 锥体上滚

的重心变化，就可以看见由于双锥体滚动的轨道是特殊定制的，伴随着双锥体的向上滚动，不断增大的轨道夹角使得双锥体的重心在实际滚动过程中不断下降，所以锥体上滚其实是重心不断下降的"上滚"。它并不违背自然规律呢！

看懂了这件展品，我们是不是可以想到，很多时候眼睛也会"欺骗"我们，在观察事物的时候，一定不要被事物的表面现象所迷惑，要透过现象看本质。

动手实验

扫把比赛

生活中我们尝试将对面的两人拉近，受体重、力气、距离等因素的限制，常常心有余而力不足。今天就给同学们分享一个省力的小窍门吧。

任务：用一根长绳子将相距 2 米的大人拉近

材料：两名志愿者、两把带长把的扫把、8 米长的光滑绳子

步骤：

1. 两名志愿者手握扫把相对而立，距离约为 2 米。扫把尽量垂直于地面。

2. 拿起准备好的光滑绳子，一头系在一个扫把上，自上而下将两把平行的扫把绕上几圈。注意控制两把扫把的距离（图 3.3.1）。

3. 拉动绳子的另一个绳头，看看是不是比较容易地就将两名相距 2 米的志愿者拉近了呢？

图 3.3.1　扫把比赛

原理：原来，绳子和扫把就是人为设置的一个滑轮组，系有绳头的那个扫把相

当于定滑轮，而另一个相当于动滑轮，缠的绳子圈数越多，自然就越省力啦。生活中这样的例子是不是还有很多？

你知道吗？滑轮是杠杆的变形之一，它把杠杆转化为可以连续转动的轮子，通过柔软的绳子将一套动滑轮和一套定滑轮组合成滑轮组，从而达到节省力气的目的。

自制抽水机

任务：用自制抽水机抽取盆中水

材料：一个带有橡皮塞的广口瓶、一根约 1 米长

的塑料皮管、盛满水的脸盆、大团酒精棉

步骤：

1. 将塑料管一端穿过广口瓶的橡皮塞，留出部分长度在瓶内。塑料管另一端放入带水的脸盆中，用夹子将塑料管固定在盆中，保证塑料管伸入水中达到一定深度。

2. 将点燃的大团酒精棉扔入广口瓶中，迅速塞上带塑料管的橡皮塞，等燃烧的酒精棉冷却。

3. 燃烧过程中，置入水中的塑料管口不断有气泡冒出。随着气泡慢慢变小，脸盆中的水逐渐通过管子流进广口瓶中。

原理：自制抽水机是利用空气压差原理来进行抽水的。酒精棉在燃烧过程中，不断消耗瓶中空气，造成瓶中气压远小于瓶外气压，所以盆中水通过塑料管被压入瓶中。这样，一个简易抽水机就制成啦（图3.3.2）！

图 3.3.2　自制抽水机

　　你知道吗？空气压力无处不在。1654 年，德国马德堡市的市长进行了一个测试空气压力的实验，市长将两个外表带有拉环、半径约为 18 厘米的半球密封在一起，并抽干两个半球中的空气，然后在两个半球两侧分别用 4 匹强壮的马朝相反的方向进行拉动，结果，无论如何抽打 8 匹马前进，两个密封的半球始终纹丝不动，最终一共使用了 16 匹马才将这两个半球分开。可见空气的压力有多大！

趣味故事

单摆的等时性

伽利略是意大利杰出的物理学家和天文学家，他不仅改造了天文望远镜，更是单摆等时性的发现者。

说起这个规律的发现，还与伽利略善于观察的好习惯分不开呢。

在读大学的时候，伽利略就以勤奋好学闻名。有天晚上，伽利略照例来到比萨教堂自习。那是个寒冷的冬夜，窗外北风呼啸，伽利略被从窗口刮进的寒风吹得面青脸紫。他正犹豫着是否要继续在这里学习，忽然发现头上的吊灯刺啦刺啦地反复晃动，仿佛马上要掉下来似的。他顿时被这个晃动的吊灯吸引住了。他的脑中忽然闪过一个念头："这灯在摇动时划过的距离虽然不相等，可是它所需要的时间或许是相等的。"于是他马上按住自己的脉搏记起数来。经过多次验证，伽利略确认灯左右摇摆一次所需要的时间是相等的。

回家后，伽利略又对此现象进行了反复验证，最终得出单摆的摆动周期只与摆长有关，而和摆锤的质量、摆角（小于10度时）、振幅无关的结论。后来，人们就将单摆的这个特性称为单摆的等时性。

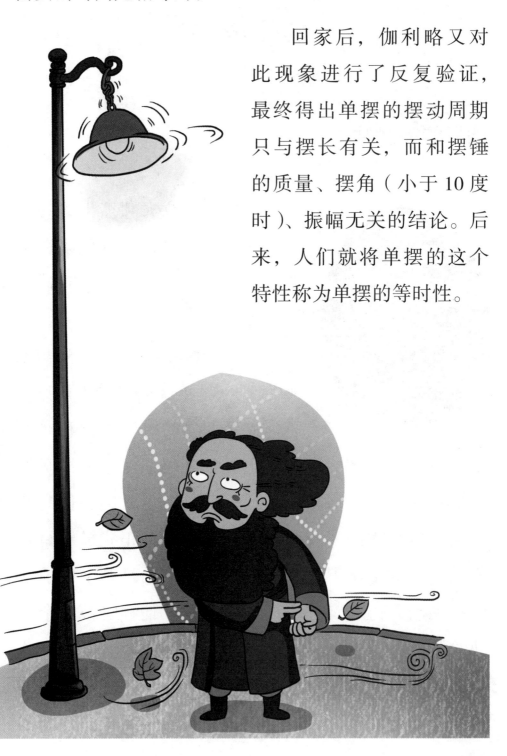

给我一个支点

2000多年前，赫农王为埃及国王制造了一艘巨大的轮船作为生日贺礼。但是由于轮船体积庞大，搁浅在海岸上已经很多天了。眼看埃及国王的诞辰即将来临，负责运输的官员一筹莫展，苦无对策。这时，有人向赫农王推荐了阿基米德。抱着怀疑的态度，赫农王将这个艰巨的任务交给了阿基米德，要求他在一周内必须将轮船挪至海中。

一周后，阿基米德赤手空拳地来到了轮船边。赫农王发现船依然停在海岸边，马上就要大发雷霆，只见阿基米德不慌不忙地指着船上的一套新装置说："你看那是什么？"原来那是一个滑轮组。阿基米德领着赫农王走近这套装置，将绳索的一端交给赫农王，示意

他拉动绳子。随着绳索的轻轻拉动，奇迹出现了，大船居然缓缓地挪动起来，最终下到了海里。赫农王惊讶之余，连连赞叹阿基米德的头脑和能力。阿基米德却笑着回答："这没有什么值得惊讶的，只要给我一个支点，我就能撬动地球。"

第四章
风火轮与筋斗云
——日行千里的交通工具

在中国五千年文明发展的漫漫历史长河中，交通占据了很重要的一席。它不仅包括桥梁、道路等主要交通设施，还涵盖了指南车、记里鼓车、汽车等众多古代、现代交通工具。

陆上交通工具最初是从独轮车开始的，后来慢慢地出现了以马为动力的马车，再后来，以风为动力的帆船开始出现，水上交通也逐渐发展。随后，火车和飞机的出现更是推动了大规模人口出行的进程。时至今日，各种交通工具和设施的大力发展有效地缩短了人与人之间的距离。

大开眼界

老祖宗也开出租车吗——记里鼓车

同学们有没有坐过出租车？出租车上有一个记录行驶里程的装置，有了它，司机叔叔就知道要收多少钱了！不过，你们知道吗？中国古代也有这样可以记录里程的交通工具呢！

记里鼓车是我国历史上著名的用于计算行驶里程的车，由"记道车"发展而来。记道车早已失传，但是晋人编写的《西京杂记》里有这样的文字记载："汉朝舆驾祠甘泉汾阴……

记道车，驾四，中道。"可见，至少在西汉时期，我国就已经有了可以计算行驶里程的车（图 4.1.1—图 4.1.3）。

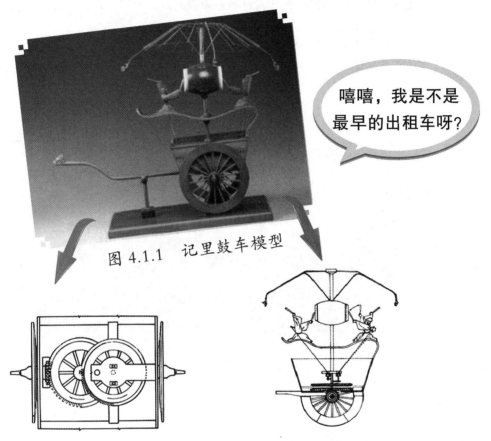

嘻嘻，我是不是最早的出租车呀？

图 4.1.1 记里鼓车模型

图 4.1.2 记里鼓车俯视图　　图 4.1.3 记里鼓车侧视图

记里鼓车的基本原理和记道车相同，是在记道车的基础上改进而成，能够计算行驶里程，同时配备了可以计里传声的小鼓。

记里鼓车由齿轮传动系统和凸轮杠杆两个主要机械装置组成。其中，齿轮传动系统主要起着减速和计算里程的作用。当车缓慢行驶时，车中的减速齿轮系统始终能与车轮同步转动，并且齿轮系统的设计能够使得最末一支齿轮轴在车行一里时恰好回转一周，同时，凸轮杠杆利用绳索同步牵动车子上层的木人的手，使木人手臂击鼓一次，以示里程。

最简单的也是最经典的——拱桥

桥是人人要走的，人一生走过多少桥，谁也没有计算过。有一种特殊结构的桥——拱桥，不知道你是否注意过呢？

一块块拱形的木块叠合在一起就能搭成一座拱桥模型。从桥上走过，还真稳当。科技馆内就有这样的展品，你不仅可以亲自动手建拱桥，而且还能在桥上

走一走呢！拱桥是在桥墩之间以拱形构件来作为承重结构的桥梁，拱形结构在垂直荷载的作用下产生垂直的反作用力，同时还产生水平推力，使桥更加坚固。我们的祖先很早就发现了拱形的力学性质，并把它应用到建筑上。

我国的拱桥始于何时？这是尚待考据的问题。1957 年在河南省新野县出土的东汉画像砖上就刻有拱桥的图形。砖上刻有一座单孔裸拱桥，它是一座很原始的拱桥，无栏杆，桥上有骑马的、驾车的，桥下有船。这证明至少在东汉我国就已有拱桥了。

我国最著名的拱桥当属赵州桥。赵州桥位于河北省赵县城南 2.5 千米的洨（xiáo）河之上，建于隋代，

由李春等工匠建造，至今已约 1400 年了。赵州桥净跨 37.2 米，拱弧高度 7.23 米，桥身连同南北桥堍（tù），共长 64.4 米。赵州桥桥面宽约 10 米，两边行人，中间走车，是世界上现存最古老、保存最完好的大跨度敞肩圆弧石拱桥。像赵州桥这样的敞肩型拱桥（图 4.1.4），欧洲到了 19 世纪中叶才出现呢。

为什么桥梁要造成拱桥的样式呢？不仅是因为拱桥能够有效减轻单位面积内桥面的承重力，而且拱桥便于洪水排泄，还能够满足水运的需要。当时赵州桥

图 4.1.4　中国科技馆的赵州桥模型

的设计者考察了洨河的实际情况后，决定建造一座拱桥。直到新中国成立前，赵州桥一直是全国跨度最大的石拱桥。

千余年的漫长岁月里，赵州桥经受了风霜雨雪的侵蚀，以及多次地震和大小战火的考验，至今依旧傲然挺立，由此可以看出拱形结构是多么坚固。

> **小贴士：**
>
> 月落乌啼霜满天，
>
> 江枫渔火对愁眠。
>
> 姑苏城外寒山寺，
>
> 夜半钟声到客船。
>
> 这是唐代诗人张继的名作《枫桥夜泊》。枫桥也是一座拱桥。

现在拱形结构已经被广泛应用于建筑结构中，像屋顶、桥梁等处，都能看到它的身影。

科学档案

可移动的人力"电梯"——巢车

    巢车又名楼车，因车上设有可升降的活动瞭望台而得名。古代战争中，巢车常被作为侦察对方城池的战车（图 4.2.1）。

图 4.2.1　中国科技馆里的巢车模型

最初，巢车是一种专供观察敌情用的瞭望车，利用滑轮和辘轳的联合运作而制成。车底部装有可推动的轮子，车上竖有两根长柱，长柱顶端横梁上设有辘轳轴，轴上绕着能牵引一间小屋的粗绳索。通常小屋高数尺，四面都开着数目不等的瞭望孔，以便观察敌情。同时小屋外蒙有生牛皮，以防止战争中被敌人矢石破坏。屋里一般可容纳两人，通过辘轳升高，攻城时就能及时观察到城内敌兵的情况。

据《左传》记载，公元前575年鄢陵之战时，楚共王曾在太宰（古代官职）伯州犁的陪同下，亲自登上巢车察看敌情。《后汉书·南匈奴列传》中记载，后汉时，汉人与匈奴作战，曾经制造过一种车辆，"可驾数牛，上作楼橹，置于塞上"，说的就是当时可以"环城而行"的巢车。

到了宋代，巢车逐渐演

变为可以和车下将士交换信息的"望楼车"。车顶瞭望台上的士兵通过使用旗语可及时和车下士兵互动。比如，卷起旗帜表示没有敌人，把旗帜展开平推表示敌人到来，旗帜垂直向下表示敌人已近跟前等等（图 4.2.2）。

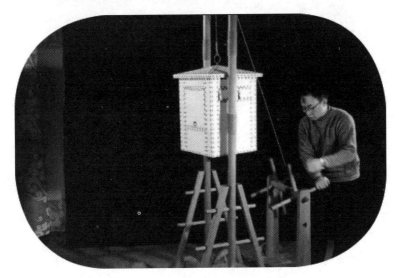

图 4.2.2 巢车是这样工作的

飘起来跑吧——磁悬浮列车

走进中国科技馆四层，一眼就能看见一列行驶在特殊轨道上的"列车"——磁悬浮列车（图 4.2.3）。

磁悬浮列车的原理并不深奥。它运用了磁铁"同极相斥，异极相吸"的性质，使同极磁铁具有"抗

图 4.2.3　中国科技馆的磁悬浮列车模型

拒地心引力"的能力，即"磁性悬浮"。科学家将"磁性悬浮"这种原理运用在铁路运输系统上，使列车完全脱离轨道，悬浮行驶，成为"无轮"列车，时速可达几百千米。

人们早就知道磁铁的这种性质，并且在 100 多年前就开始了把它应用于铁路运输系统上的尝试。1911年，俄国托木斯克工艺学院的一位教授曾根据电磁作用原理，设计并制成了一个磁垫列车模型。

由于技术上的原因，磁悬浮列车一直没有很大进展，直到 20 世纪 60 年代，美国科学家詹姆斯·鲍威尔和高登·丹提出磁悬浮列车的设计——利用强大的磁场将列车提升至离轨几十毫米，以时速 300 多千米行驶而不与轨道发生摩擦。遗憾的是，他们的设计没有得到美国的重视，反而被德国和日本捷足先登，德国于 1971 年成功研制出常导电磁铁吸引式磁悬浮模型试验车。

随着超导体和高温超导技术的出现，日本于 1977 年研制出了超导磁悬浮列车试验车。1979 年，日本在宫崎县建成了全长 7000 米的试验铁路线，同年 12 月试验车达到了时速 517 千米的高速度，证明了用磁悬浮方式高速行驶的可能性。

我国从 20 世纪 70 年代开始进行磁悬浮列车的研制，首台小型磁悬浮原理样车在 1989 年春天"浮"了起来。1995 年 5 月，我国第一台载人磁悬浮列车在轨道上平稳地行驶起来啦（图 4.2.4）。

看我的"中国速度"！

图 4.2.4　我国的磁悬浮列车

　　磁悬浮列车与当今的高速列车相比，具有许多无可比拟的优点。由于磁悬浮列车是悬浮于轨道上行驶的，导轨与机车之间不存在任何实际的接触，成为"无轮"状态，时速高达几百千米。磁悬浮列车可靠性高，维修简便，成本低，能源消耗仅是汽车的一半、飞机的四分之一。此外，磁悬浮列车噪音小，当列车时速达 300 千米以上时，距轨道 10 米处噪音只有 65 分贝左右，仅相当于一个人大声地说话，比汽车驶过的声音还小。磁悬浮列车以电为动力，在轨道沿线不排放废气，无污染，是一种名副其实的绿色交通工具。

　　科技馆内的磁悬浮列车由于轨道太短，不可能高速行驶，它只能告诉观众这种列车是怎样浮在轨道之上，又是怎样行驶的。如果你想真实体验一把，去上海吧，那里有一条真正的磁悬浮列车线路，它是世界

上第一条用于商业运营的高速磁悬浮专线。

不过，由于磁悬浮列车的制造成本太高，目前并没有在我国大范围推广使用。

什么都无法阻挡我探索的脚步
——"深海机器人"

浩瀚的海洋占据着地球约三分之二的面积，蕴藏着无数的生物资源及矿产资源。自古以来，从古希腊神

话中海神波塞冬的传说到中国《西游记》孙悟空几入龙宫借宝，人们对神秘的海底世界的想象和探索从未停止过。但是想象归想象，从百年前泰坦尼克号的沉没到迄今尚未破解的百慕大之谜，海洋从未让人类轻易接近过。

海洋也不是那么神秘，我国古代就有很多人勇敢地迈出了探索海

洋的步伐，从传说中秦代的徐福东渡，到明代国力强盛时的郑和七下西洋，一直到现在，脚步从没有停下。

2012年6月，中国自主设计研发的"蛟龙号"载人潜水器打破了深海长久以来的宁静。它在西太平洋的马里亚纳海沟成功下潜到7062米的海底，创造了作业型载人潜水器的新世界纪录。它不仅是目前世界上下潜深度最深的作业型载人潜水器，还可以在全球99.8%的广阔海域中使用，"蛟龙号"载人潜水器的7000米成功下潜让我国成为世界上少数拥有下潜6000米以上载人潜水器的国家之一（图4.2.5—图4.2.6）。

我曾创下世界纪录！

图4.2.5 中国科技馆的"蛟龙号"载人潜水器模型

图4.2.6 "蛟龙号"载人潜水器模型内部界面

"蛟龙号"载人潜水器具有先进的水声通信和海底微貌探测能力,可以高速传输图像和语音,它的成功下潜不仅填补了深海科学考察、资源勘测开采仪器的空白,而且对于海底沉船打捞、海底光缆铺设、海洋救生等作业都具有重大的实践意义。人类的海底探索之梦从此不再遥远……

实现飞天梦的利器——火箭

说起速度最快的现代运输工具,非火箭莫属了(图 4.2.7)!

火箭是目前唯一能使物体达到宇宙速度,克服或摆脱地球引力,进入宇宙空间的运载工具。各种太空

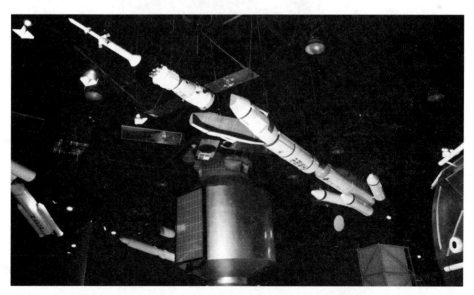

图 4.2.7　中国科技馆的火箭模型

探测器、太空望远镜、地球卫星等都是通过火箭发射进入太空的。

火箭的升空原理主要是依据牛顿第三定律。火箭内置了大量的燃料和氧化剂，当它们进行混合燃烧时，就会产生大量的高压气体，火箭利用这些高压气体喷出后产生的反作用力飞起来。这就是火箭升空的奥秘！

谈及火箭的发展历史，不得不提到火箭的故乡——中国。早在三国时期，古人就在箭杆上绑柴草、棉布，浇上油，并利用弓箭发射出去。宋代的火箭，以火药代替了原始的燃烧物，成为最早的火箭雏形（图 4.2.8）。明代嘉靖年间一个名叫万户的人做了火箭升空实验，他成为现代载人火箭的先驱者。

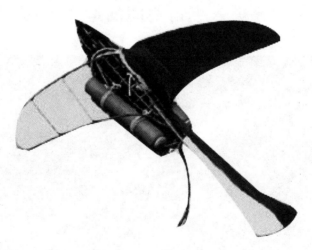

图 4.2.8　神火飞鸦

直到 1903 年，俄国的齐奥尔科夫斯基才提出了制造大型液体推进剂火箭的设想和设计原理。1926 年 3

月，美国的火箭专家、物理学家 R.H. 戈达德试射了第一枚无控液体火箭。1942 年，德国火箭专家冯·布劳恩等设计的 V–2 火箭被认为是第一枚真正意义上的现代火箭。1960 年，我国自行设计并制造的试验型液体燃料探空火箭首次发射成功。

根据不同用途，火箭可分为航天运载火箭和火箭武器。前者用于运载航天器，如我国的"神舟"系列飞船的发射火箭；后者常用于运载军用炸弹，如美国的防空武器"爱国者"导弹等。

利用火箭发射的"神舟"系列飞船是我国自行研制并具有自主知识产权的载人飞船。2003 年 10 月，"神舟五号"飞船成功地将宇航员杨利伟送入太空，使我国成为继苏联和美国之后的第三个有能力独自将人送入太空的国家。2012 年 6 月，搭载了景海鹏、刘旺、刘洋三名宇航员的"神舟九号"飞船（图 4.2.9）的成功发射更是实现了中国首次载

图 4.2.9 "神舟九号"
飞船运载火箭

人空间交会对接，为中国载人航天技术揭开了历史性的一页，中国从此迈入世界载人航天技术大国的行列。

怎么样，了解了这么多，大家是不是发现火箭其实也没有那么神秘？

动手实验

可乐火箭

材料：薄荷糖 10 颗（建议用"曼妥思"薄荷糖，效果更好）、瓶装可乐（500 毫升塑料瓶装）、直径为 1 厘米左右的空心笔管

步骤：

1. 将可乐瓶盖钻一小孔，小孔直径大约 1 厘米，大小基本与空心笔管直径一致。

2. 将笔管穿过带孔的瓶盖。

3. 将薄荷糖全部放入可乐中，拧紧带笔管的可乐瓶盖，手握笔管将可乐瓶倒置。不一会儿，你会发现"沸腾"的液体从可乐瓶盖中喷涌而出，最终可乐瓶像火箭般腾空而起。

原理：薄荷糖和可乐发生化学反应，使得瓶内气压升高，瓶内外气压差使得液体通过瓶口小孔流向瓶外，从而产生一个作用力。根据牛顿第三定律作用力与反作用力大小相等、方向相反的原理，这个力的反作用力推动可乐瓶向上发射（图4.3.1）。

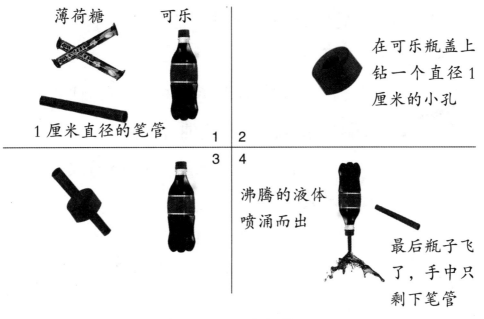

薄荷糖　　可乐

1厘米直径的笔管

在可乐瓶盖上钻一个直径1厘米的小孔

1　2

3　4

沸腾的液体喷涌而出

最后瓶子飞了，手中只剩下笔管

图 4.3.1　可乐火箭

你知道吗？可乐瓶发射的高度与液体多少、瓶口大小以及化学反应程度都有关系。推荐使用"曼妥思"薄荷糖是因为其成分包括阿拉伯胶，此物质会造成可乐中水的表面张力减小，并破坏二氧化碳与水分子间的作用力，使溶于可乐中的二氧化碳能瞬间大量释放，造成可乐瓶内的气体压力骤然上升，从而将可乐排出瓶口，产生较好的喷泉效果。

会跑的小船

材料：一张电光纸、圆珠笔芯、一盆水

步骤：

1.用电光纸折成一艘简易小船，将小船船尾往内折一凹洞。

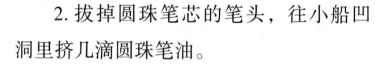

2.拔掉圆珠笔芯的笔头，往小船凹洞里挤几滴圆珠笔油。

3.将装有圆珠笔油的小船放置在平静的水面上。

4.当小船凹洞中的圆珠笔油流入水中时，小船会缓慢地前进，直至最后停止不动。

原理：当凹洞内的圆珠笔油流入水中时，笔油内的活性剂破坏了船尾附近水分子之间相互作用力的平衡，此时，船头与船尾水域的水分子之间形成力

差，推动小船向前行驶。当小船附近的水域内分子之间的作用力趋于相同，小船便停止不动了（图 4.3.2）。

图 4.3.2　会跑的小船

你知道吗？当不同液体中分子之间的相互作用力存在差异时，就会产生某个方向的驱动力。上面的实验中小船之所以能行驶，是因为圆珠笔油中的活性剂破坏了不同位置的水面张力，从而产生了某个方向的驱动力。那么，请你试一试，如果把圆珠笔油换成肥皂水，小船还会向前行驶吗？

趣味故事

风筝的传说

　　说起风筝，大家首先想到的就是儿时的玩具，每年草长莺飞的三月，总能在空旷之地见到许多漂亮的风筝在天空中摇曳……你知道吗？这种广受小朋友欢迎的玩具，它的起源地正是我国。据史料记载，我国最早的风筝是战国时期的墨子制造的。《韩非子·外储说左上》里说："墨子为木鸢（yuān），三年而成，蜚（飞）一日而败。"说的就是墨子研究风筝三年，终于用木头制成了一只"飞鸟"，可惜只飞了一天就坏了。文中的"木鸢"就是我国最早的风筝的雏形，当时是

用木头制作而成的。汉代以后，由于纸张的发明和应用，在制作风筝时，逐渐以纸代木，称为"纸鸢"。五代时，古人又在纸鸢上系上竹哨，风吹竹哨，声如筝鸣，故后来称之为"风筝"。唐宋时期，山东潍坊附近的地区扎放风筝的风俗已非常普遍。每年清明前后，风和日丽，家家户户扶老携幼，春游踏青，竞相把自己的得意之作送上蓝天。

小贴士：

与风筝有关的诗

清代诗人高鼎的七言绝句《村居》：草长莺飞二月天，拂堤杨柳醉春烟。儿童散学归来早，忙趁东风放纸鸢。

清代诗人郑板桥的《怀潍县》：纸花如雪满天飞，娇女秋千打四围。五色罗裙风摆动，好将蝴蝶斗春归。

发展到今日，放风筝这种洋溢着盎然春意的活动已经成为人们呼吸早春空气、锻炼身体的重要方式。

火箭的传说

相传明代嘉靖年间有位著名的木匠名叫万户，他因手艺超群、技术精湛而被当时的大将军班背纳入麾下，专门负责军事武器的研发和改造。

当时正值火药在军事应用上的成熟期，各种新式武器，如著名的筒式火箭、"一窝蜂"等，层出不穷。技有所长的万户进入军营从事武器制作，正是如鱼得水，前途一片光明。可惜好景不长，一直赏识万户才能的大将军遭人陷害，被革职入狱，囚禁在一个三面环山的深山峡谷里。

正在大家一筹莫展之际，万户想出了一个计策来营救大将军。他决定利用他的智慧和才能制造一只"飞

鸟"，这只"飞鸟"能够载人自由出入峡谷。经过一段时间的准备和制作，万户的大"飞鸟"终于完工了。

万户及他的手下选择了一个好日子将"飞鸟"拉至山顶。这只大"飞鸟"由一个后背装置了47支大火箭的座椅改造而成，万户自己手持两个大风筝端坐在椅子中间（图4.4.1）。

图 4.4.1 万户飞天

一切准备妥当之后，万户让手下点燃了座椅后方的火箭。按照初始计划，"飞鸟"应该能载着万户顺利飞入峡谷中。只见点燃后的"飞鸟"瞬时腾空而起，以迅雷不及掩耳的速度向空中冲去，几分钟后趋于平缓……正当大家为万户的成功欢呼雀跃之际，突然远处火光一闪，"飞鸟"在空中化为了一个火球，悲剧发生了……

万户的"飞鸟"营救计划失败了，甚至还搭上了自己宝贵的生命，但是，他的借助火箭推力升空的创想为现代火箭的发明提供了宝贵的思想和经验，万户的"飞鸟"成为世界上最早的火箭雏形。

20世纪70年代，国际天文联合会把月球上一座环形山命名为"万户山"，以此来纪念"人类第一个试图利用火箭飞行的人"。

第五章

猜猜我是谁

——喜欢捉迷藏的声波

声波好似有些神秘，毕竟我们看不到它。但如果它想和我们玩捉迷藏的话，也没那么容易逃出我们的手掌心。不信？我教你。我们甚至还可以抓住它，让它乖乖为我们服务呢！

大开眼界

古人洗脸的花样还真多——龙洗

"龙洗"其实就是一个用来洗手洗脸的铜盆。脸盆在古代称为"洗",盆底铸有龙的,就称为龙洗(图 5.1.1)。当然龙洗只能在宫廷中使用,老百姓是不能用的,他们只好铸鱼,叫鱼洗。

图 5.1.1　龙洗

　　说起来，汉代之前的洗并没有提耳（也就是把手），所铸的龙和鱼，也只有装饰作用。大约到了北宋时期，为了便于提动，洗的上沿内侧铸了一对铜耳，而神奇的是，当用两个手掌摩擦两耳时，洗会发出嗡嗡的响声，像用弓拉弦一样。除了响声，盆内的水还会形成浪花，溅起水柱。于是后来再做洗的时候，洗内的龙或鱼的头，就铸在了与摩擦两耳时形成的水柱相吻合的位置，看起来就像是龙或鱼在喷水！这也许就是古人在分析了摩擦喷水现象后精心设计的吧。龙和鱼也就不再是简单的装饰了。

　　那当你摩擦洗的双耳时能溅起水花又是个什么道理呢？

　　原来，洗是一个很薄的金属壳体，当手摩擦洗的双耳时，会使壳体发生振动。振动通过空气传播，就会发出嗡嗡声，振动通过水面传播，就形成了水波，水波相互拍击溅起了水花。而当振动的频率与洗的固有频率一致时，会发生共振。声音就会更响，水花会更高。

　　你知道吗？其实用干细砂代替水，观察效果会更好呢！

真正绿色环保的组合音响——曾侯乙墓编钟

编钟是一种打击乐器，有着非常悠久的历史，它由大小不同的扁圆钟组成，这些扁圆钟按照音调高低的次序排列起来，悬挂在一个巨大的钟架上，用丁字形的木槌和长形的棒分别敲打铜钟，就可以发出不同的乐音，按照乐谱敲打，就能演奏出美妙的乐曲。古代的编钟用于宫廷雅乐，是上层社会专用的乐器，是等级和权力的象征。每逢征战、朝觐或祭祀等活动时，都要演奏编钟，普通老百姓家里可没有这种乐器。

编钟的发声原理很简单，钟体越小，音调就越高，音量也小；钟体越大，音调就越低，音量也大。所以钟的尺寸和形状对其发出的声音有重要的影响，因此编钟对于冶金铸造和后期加工的技术要求非常高。

其实早在3000多年前的商代，中国就有了编钟，不过那时的编钟多为三枚一套。编钟发展于西周，盛于春秋战国直至秦汉。随着时代的发展，每套编钟的个数不断增加。我国著名的战国早期曾侯乙墓中出土的编钟，一套共65件，重达5000多千克。编钟埋藏地下虽2400余年，依然保持着良好的音乐性能，能够演奏出各种古今名曲（图5.1.2）。

曾侯乙墓编钟由铜、锡、铅合金铸成，全套编钟

图 5.1.2　曾侯乙墓编钟模型

上装饰有人、兽、龙等花纹，铸造精美，花纹细致清晰，并刻有错金铭文，用以标明各钟的发音音调。这套编钟是公元前 433 年左右的实物，这说明当时我国的音乐文化和铸造技术已经发展到相当高的水平，它比欧洲十二平均律的键盘乐器出现要早将近 2000 年。

曾侯乙墓编钟的总音域达到五个八度，只比现代的钢琴少一个八度，它几乎能奏出完整的十二个半音，可以奏出五声、六声或七声音阶的音乐作品。据现代学者的研究、推想，这套编钟演奏时应由三位乐工执丁

字形木槌，分别敲击中层三组编钟奏出乐曲的主旋律，
另有两名乐工，执大木棒撞击下层的低音甬钟，作为
和声。

科学档案

"静止"的运动——声驻波

你们知道声音其实是一种波吗？我们称其为声波。
声驻波就是由振幅、频率、振动方向相同而传播方向
相反的两列声波叠加而成的。叠加后的波，看起来波
的最高点似乎静止不动，像被一只无形的大手固定住

了，但其实里面两列波还是在斗争中。这个展品的设计者巧妙地将一列波分成了两列性质一致却"顶着牛"往前走的波，让我们看到了声驻波这一奇妙景象。看，管中的煤油在大气压力作用下还会翻花呢（图5.2.1）！其实声驻波就在我们身边。在多数家庭的小客厅里，由于空间有限，播放音乐时产生的声驻波频率就会较高并进入音乐的低音区，还与后者重叠起来，使音质变差。室内声驻波固有的多变性和不易预见性让我们除了容忍它之外，别无他法。倒是有个小窍门能让室内声驻波的威力变小，那就是将超重低音音箱摆放在墙角处，这有助于避开室内的声反射，使功放的声音显得更加清晰和鲜明。

图 5.2.1　科技馆里的声驻波

这个麦克风有点儿大——声聚焦

中国科技馆展厅中立着两个相对的抛物面形的"大锅"，它们相距 40~50 米。试试站在一个抛物面的焦点上小声说话，嘿，站在 40 多米外的另一个抛物面的焦点上的人居然可以清晰地听到。展厅里十分嘈杂，就是相对 1~2 米的距离说话，要想听清楚也需要提高嗓门儿。为什么相距 40 多米小声说话反而能听到呢？这是因为抛物面有聚焦声音的作用，说话者的声音大部分被抛物面反射到对面的抛物面上。因此听者在焦点上就可以清楚地听到对面说话者的声音了（图 5.2.2）。

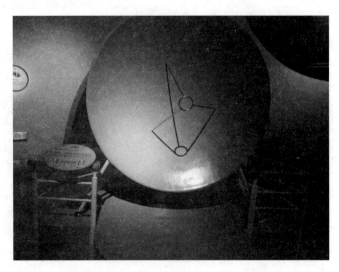

图 5.2.2　科技馆里的声聚焦

声波是要通过介质才能传播的。当声波在传播过程中遇到不同介质的表面时，部分声波会反射回原介质中。如果这个表面坚硬而且光滑，被反射回的声波就更多。

声的反射在日常生活中是常见的现象。例如，我们对着相隔一段距离的陡峭的山崖或高大的建筑物大喊一声，就可以听到清晰的回声，这就是我们发出的喊声在山崖或建筑物上的反射。从回声到达的时间可以估计出从我们站的地方到障碍物之间的距离。

会窃窃私语的乐器——排箫

在中国科技馆，我们可以看见两排长短不同的金属管整齐地排列在架子上，很想知道它们有什么作用吧？原来这是用来表现共振现象的展品。这个展品叫排箫。如果把耳朵贴近管口，会听到"嗡嗡"声。不同的管口，"嗡嗡"声的声调高低也不同。奥秘，就在这些金属管不同的"身高"中（图5.2.3）。

金属管的长短不同，管子里的空气柱长度自然不同，其固有振动频率也不同，当周围环境的各种声波作用到空气柱时，只有与空气柱固有频率相同的声波，才能激起空气柱的共振。管子越长，固有频率就越低，"嗡嗡"声的声调也就越低；反之，管子越短，听到的"嗡嗡"声的声调就越高。

日常生活中也常常能看到利用共振现象制造的各种器具。二胡、提琴等乐器上都配有一个空盒子——共鸣箱。演奏时弦振动发声，箱内的空气与弦发生共振也发出声音，使乐器发出的声音嘹亮、优美。

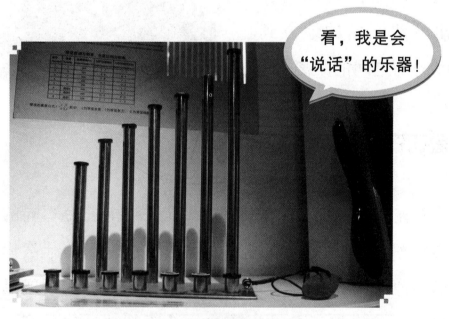

看，我是会"说话"的乐器！

图 5.2.3　科技馆里的排箫

真正的无创伤检测——B超

B超其实是B型超声波检测的简称。

在医院里，医生可以通过B超帮助孕妇检查胎儿发育的情况；而在科技馆里，你可以通过这台模拟的B超实时成像仪来观察"病人"，也过一把医生瘾。把探头紧密地贴在模型人的腹部探测区并滑动，此时展品的机柜屏幕上会显示动态图像，一共有10张不同的图像。这些都是采集于真实的B超检测，你看到的图像和医生给病人做检测时看到的是一样的。当探头从模型人的腹部拿开，屏幕上还会自动演示与之相关的医学常识呢（图5.2.4）。

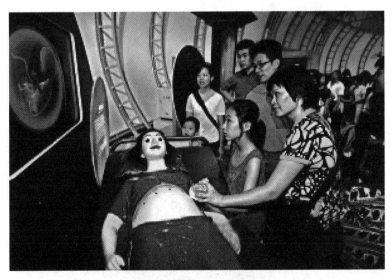

图 5.2.4　科技馆里的 B 超体验

说了半天，什么是超声波呢？正常人的耳朵可以听到的声波频率范围为 20 赫兹至 20000 赫兹。频率低于 20 赫兹的叫次声波，高于 20000 赫兹的叫超声波，这些都是人耳听不到的。但是有些动物可以，所以人们制作了可以发出超声波的笛子用来指挥小狗。超声医学影像仪所用的声波通常是频率 300 万赫兹至 750 万赫兹的超声波。

作为声波的一种，超声波自然具有反射、折射和散射等物理特性。当超声波在传播过程中遇到两种密度不同的介质时，由于传播速度的差异，会发生反射和折射。就像你在山间朝着空谷大喊，会听到空谷的回音一样。要知道人体是一个复杂的有机整体，里面

分布有许多各不相同的组织和器官结构，它们对超声波存在着不同的阻力。当超声波通过人体某些部位和器官时，在不同组织之间大大小小的相邻界面上会产生各种不相同的反射、折射、散射和衍射等。这些信息被仪器接收后通过处理以一定的形式显示出来，这就是 B 超的工作原理。

由于具有实时动态、灵敏度高、易操作、无创伤、无特殊禁忌、可重复性强、费用低廉等优点，B 超这一诊断技术成了当今临床各学科疾病检查、诊断和介入治疗中不可缺少的重要手段之一。

动手实验

无钟的钟声

材料：一根 2 米长的尼龙线、一把钢质汤匙、铁桌或铁锅

步骤：

1. 用尼龙线将汤匙绑好，然后手拿着尼龙线让汤匙敲击铁桌或铁锅，听到"当当"的声音。

2. 把尼龙线的两端塞入耳朵，用手指压紧，这时汤匙就悬在身前，让汤匙自由摆动，然后走到铁桌或铁锅旁，让汤匙碰击，这时你就会听到敲钟一般的声音。

原理：声音的传播是需要介质的，不同的介质传播出的声音并不一样。

尼龙线没有塞入耳朵时，汤匙敲击铁具的声音是通过空气传到人耳朵里的，所以听起来是"当当"的声音。当尼龙线塞入耳朵里时，声音是通过固体尼龙线传入人耳朵里的，所以听起来与刚才听到的声音就不一样了，变成了"锵"的声音（图 5.3.1）。

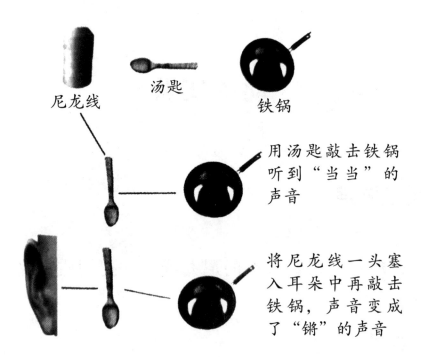

尼龙线　　　汤匙　　　铁锅

用汤匙敲击铁锅听到"当当"的声音

将尼龙线一头塞入耳朵中再敲击铁锅，声音变成了"锵"的声音

图 5.3.1　无钟的钟声

　　你知道吗？我们有时会有这种体会，当你用手机或者 DV 录下自己的声音然后再放出来时，听起来并不像你的声音，像是别人在说话，而别人听起来，就是你的声音没错。这是为什么呢？

　　原因也在于声音传播的介质不同。你认为的你的声音，或者说是你"听"到的你的声音，是通过你身体内的物质传入大脑的，而通过 DV 录下再放出来的声音是通过空气传播的，两种不同介质传播的声音听起来不一样，你会认为不像你的声音。而别人听你的声音，无论是直接听，还是通过 DV 再放出来，都是通过空气传播的，因此，他们听不出有什么区别。

自制玻璃编钟

材料：啤酒瓶数个（一定要同一规格的）、小木槌

步骤：

1. 在啤酒瓶中灌入清水，各瓶水量不同，由多到少排列。

2. 用小木槌敲击啤酒瓶，根据声音高低适当调整瓶中的清水量。

3. 调整好之后，就可以用木槌敲击演奏乐曲了。

原理：你会发现瓶中的水越少，敲击出的音调越高；瓶中的水越多，敲击出的音调越低。这是为什么呢？简单说，就是振动发声。体积越大、质量越大的物体振动越困难，所以同样条件下振动起来，频率就低，音调也就低，反之音调就高。当你用小木槌敲击的时候，振动的物体是水和瓶子，所以装水多的瓶子敲击出低音，水少的瓶子敲击出高音。除了用小木槌敲击，你还可以用嘴吹瓶口，一样能奏出乐曲，当然音色就不太一样了（图5.3.2）。

啤酒瓶数个、
小木槌

1

啤酒瓶中灌水，
由多到少排列

2

3

敲击啤酒瓶，调整水量

4

可以演奏乐曲啦

图 5.3.2 自制玻璃编钟

趣味故事

先看闪电后听雷声与运动场上的枪声

一到雷雨交加的时候，通常我们会先看见闪电，过一段时间，才能听到雷声。这是什么原因？是因为眼睛在前耳朵在后吗？哈哈，当然不是！因为声音在空气中的传播速度比光慢得多，所以当闪电发生时虽然伴随着雷声，但我们先看到了闪电而后才能听到雷声！

同学们一定看过各种跑步比赛吧？你一定也见过裁判打响发令枪吧？它不但发出声音，还冒烟呢！你可能有疑问，明明是听枪声起跑干吗还要冒烟呢？

原来，声音在空气当中的传播不是很快，1 秒大约 331 米。100 米短跑比赛时，枪声的确是让运动员听的，但枪口冒出的白烟可是用来通知终点裁判的！如果裁判听到枪声后才开始记时间，可能就要晚 0.2 ~ 0.3 秒！你知道现在的男子短跑百米世界纪录是多少吗？ 2009 年牙买加选手博尔特创造了 9 秒 58 的最新世界纪录（图 5.4.1）。这个速度，简直是人类对自身极限的挑战！而如果裁判因为听声音晚记了 0.2 秒左右，则世界纪录就退回到 1999 年，又属于美国运动员格林了，他用时 9 秒 79 ！

图 5.4.1　博尔特

声音共振引发的惨状

1906 年的一天，一队沙俄骑兵以整齐而有节奏的步伐通过彼得堡封塔克河上的爱纪毕特桥时，大桥突然断裂，人和马匹都落到水中。事后政府派专人进行了调查，调查结果表明骑兵对桥的压力没有超过桥的负载能力，造成事故的原因是部队整齐步伐的声音频率和桥的固有频率相同而引起共振。大桥由于声音共振而断裂，虽然完全是巧合，但是付出的代价却是很大的。现在一些国家规定，很多人一起通过大桥时不能迈着整齐步伐前进。

共振可能带来的灾难还有很多。经常刮风的地区，建造桥梁要考虑到大风可能引起桥梁的共振。在 1940

年 11 月的一场暴风中，美国一座跨越塔科马海峡的大桥，被时速 67 千米的一阵阵狂风"吹"断而坠入大海，其原因是风吹过大桥时引发了共振。

因此人们对共振引起的各种后果十分重视，例如：在建铁路桥时，一定不能让桥梁的固有频率与车轮撞击铁轨接头处的频率接近；地震较多的地区，建造各种建筑物，特别是高塔、烟囱、水坝等高大的建筑物，必须考虑共振的作用。因为地震对建筑物的破坏，很大程度上是由共振造成的。

老祖宗的智慧让声音聚焦

北京著名的天坛是明代修建的，到现在已经有 500 多年历史了。天坛的"皇穹宇"四周有面回音壁（图 5.4.2），它是一面圆弧形墙壁，直径达 60 多米。

图 5.4.2　回音壁

只要有人对着墙壁说话，即使声音很轻，旁人不论在墙根的什么位置，都能听得清清楚楚，跟打电话一样。另外，在"皇穹宇"门前有块石板，叫三音石（图 5.4.3），站在上面拍手，可以听见连续的三声回声。站在天坛的另一个建筑"圜丘"的中间大喝一声，可以听见震耳的回声。这不能不说是个奇迹！

图 5.4.3 皇穹宇前的三音石

原来，回音壁利用的是声音的反射定律，对着弧形的墙壁说话时，墙壁反射的声音贴着墙壁传播，隔不多远又碰到弧形的墙壁，声波在光滑、坚硬的墙壁上多次反射，损失却很小，所以能传得很远。

三音石恰好在回音壁的圆心的位置。站在三音石上鼓掌时，声音传到围墙上又被反射回来，声音往返于围墙之间，在传播过程中不断衰减，一般来往三次之后就很弱了。如果鼓掌声更响亮一些，还可以听到更多次的回声。回音壁的反射性能好，墙壁又圆，使回声聚集得很好，所以第三次回声仍然相当强，可以听得见。三音石的名字也就是这样得来的。

历史上，声音的反射和聚焦也引发过许多有趣的事件。在叙拉古的土牢里，墙壁建造得很奇特，它的曲面墙壁能使狱中犯人的窃窃私语传到很远处暴君狄奥尼修斯的耳中，因此这个构造得名"狄奥尼修斯之耳"。这也许就是窃听行为的鼻祖吧！

第六章
一起来漫游奇境
——更多神奇等着你

世界真奇妙，只有你想不到，没有你看不到。每一个精彩展品的背后，都暗藏着朴实无华的科学原理。来到科技馆就是为了充分体验这个奇妙的世界，别光顾着玩，也要了解它背后的故事。这样才会让你玩得更有乐趣，更开心。

大开眼界

这儿练轻功效果佳——月球漫步

许多小朋友对地球以外的天体有着浓厚的兴趣。就拿我们几乎每天都可以看见的月亮来说吧，月球是离我们最近的天体，也是地球唯一的天然卫星。我国自古就有美好的神话故事——嫦娥奔月，寄托着祖先对登月的憧憬。随着科技的发展，这一梦想已经成为现实。1969 年 7 月，美国宇航员阿姆斯特朗成为第一位登上月球的人，这也坚定了各国科学家继续探索月球的决心。月球上的环境和我们地球可是大不相同。月球的直径为 3476 千米，比地球直径的四分之一稍大；月球表面积大约是地球的十四分之一，比亚洲的面积还小；月球的体积大约是地球的五十分之一，而月球物质的平均密度为地球的五分之三。

你一定在电视上看到过宇航员在月球上行走时那种悬浮轻飘的奇妙景象吧（图 6.1.1）。那是什么原因造成的呢？原来，月球表面的重力加速度约为地球的六分之一，我们称月球为微重力环境（即物体在引力场中自由运动时有质量而不表现重量的一种状态）。此时人体受到很小的力量就能飘浮起来。要知道，宇航员穿着的宇航服重达 100 多千克，在地球上根本走不动，但在月球表面却可以走得很轻松，因为这些装备只相当于地球上的 17 千克重，只需要地球上六分之一的体力就行了。

图 6.1.1　登月成功的宇航员

这个展品的目的就是在地面营造一种宇航员在月球表面行走的环境，模拟产生微重力和飘浮的感觉。展品后方的大型壁画和海绵地面都真实地模拟了月球的环境。而展品采用的悬挂系统为磁粉离合器，它可以通过调节电流强弱来控制其输出功率，这样就可以承担人们六分之五的体重，粗略模拟月球表面微重力活动的状态了。让我们都来体验一把遨游月球、身轻如燕的感觉吧（图 6.1.2）。

图 6.1.2　科技馆中体验月球行走

人人都能演的杂技——高空自行车

这件展品向同学们介绍了稳定平衡的条件究竟是什么，让我们在感受惊险刺激的同时，认识到力矩在平衡物体方面的作用。你可以看到在距离地面 2.5 米的高空钢丝上架有一辆自行车，从下面看上去就够刺激的，从上往下看更是眼晕。你一定以为这样的自行车是给杂技演员准备的吧，不不不，这个展品就是让普通人也能体验一把在钢丝上穿梭的感觉。当然，这个自行车是特制的，回家可别轻易模仿哟（图 6.1.3）！

图 6.1.3　科技馆里的高空自行车

　　仔细看一下，这辆自行车有两个特别之处：第一就是在车身的下方有四根长约 2.3 米的铁杆，我们称其为力臂；在最低端有个 80 千克重的铁球，我们称为配重。力矩等于力和力臂的乘积，如果你因为紧张使得车子发生倾斜，在钢丝的下方就会产生一个反向力矩，而这个反向力矩，远远大于钢丝上方的力矩，这样就可以轻易将车子拉回初始位置，使车身保持竖直平衡状态。第二就是自行车的辘轳，辘轳上有一道凹槽，正好嵌在了钢丝上，保证车子不会滑落。基于这两点的保护，不管你会不会骑车，都可以上来过一把瘾。

不过有一点，车子的配重和高度都是一定的，你如果太矮或者太重就别上来了，还是有危险的。所以说为了骑这个车你也要努力长个儿哟！

让我在这儿打个滚儿——钉床

如果让你躺在一个由很多钉子做成的床上，你会觉得舒服吗？也许你会想都不想就说："那还不把我戳成筛子？"其实，钉床没那么可怕，可能比起席梦思是差了点儿，但它却比用一些木头滚子做成的床要舒服多了！为什么呢（图 6.1.4）？

当你全身放松地躺在钉床上，下面慢慢升起的钉子会将你托起来，尽管钉子是真的扎在了你的身上，但你并不感到疼痛；相反，当你躺在木滚子做成的床上时，各个滚子却着

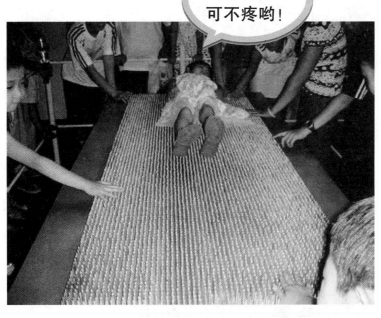

图 6.1.4　科技馆里的钉床

实硌得你难受。原来这是压力与承受压力的面积共同起作用的结果。

物体所承受的压力和承受压力的面积之比叫压强，也就是物体单位面积上所受的压力。在压力一定的情况下，受力面积越小，产生的压强就越大。人躺在床上，人对床的压力是一定的，由于钉床是由数千颗钉子组成的，其合起来的面积要大于那些与人体接触的木滚子的面积和，因此压强就会小得多。换句话说，每个钉子承担的人体的重力要小于每个木滚子承

127

担的人体重力，仅为十几克，因此人不会感到硌得慌，钉子也不会刺入人体。

说起来，压力与压强间的关系在日常生活中应用很广，比如载重汽车为了减少对路面的损坏，就采用增加每个轮胎的宽度与轮胎数量的办法；图钉的头做得很尖，就是为了增大压强，当你用力按图钉时，产生的压强大约是履带拖拉机压过路面时的压强的几万倍呢！

击穿空气的奇景——高压放电

电是我们生活和学习中不可缺少的能源。那么你了解高压电吗？你知道在日常生活中见到的放电现象又是怎么一回事吗？高压放电的表演可以让你有更直观更深刻的了解。

雅各布天梯放电。在一个圆柱体玻璃罩子里，并排竖立着两根金属杆状电极，这对电极下窄上宽，顶部呈羊角形，其中一个电极连接高压端，另一个接地。当我们用力不断地转动玻璃罩外的圆环时，电压会逐步升高，直至三万伏左右，然后就像从云层劈向地面的闪电那样，空气被强大的电场击穿。这时我们会看到在电极最窄处也就是最低的地方产生了电弧，电弧被电磁力和气流托起来不断向上运动，当电弧运动到最顶端时，电极间间隙加大，高压电"劈"不动了，电弧也就随之消失。但同时，高压电会再次击穿电极最窄处的空气，新的电弧产生了，并向上移动。这种连续不断的放电现象看上去就像一架梯子，我们称之为雅各布天梯放电（图 6.1.5）。"雅各布天梯"之名出自《圣经》中的一个故事：雅各布梦见天使上下天堂的梯子是闪闪发光的，他就爬上梯子登上天堂并取得了圣火。后人便把这梦想中的梯子，称为雅各布天梯。

图 6.1.5 雅各布天梯放电

沿面放电。这件展品上悬挂着一块玻璃，玻璃板的两侧各安装了一个圆形电极，一个电极接高压端，另一个电极接地。由于玻璃板的绝缘性能很好，虽然很薄但不会被轻易击穿。玻璃板四周空气的绝缘性相对就差了很多，所以在强电场的作用下，玻璃表面的空气被击穿形成放电通道，出现沿着或者绕过玻璃板放电的现象，这就是沿面放电（图 6.1.6）。

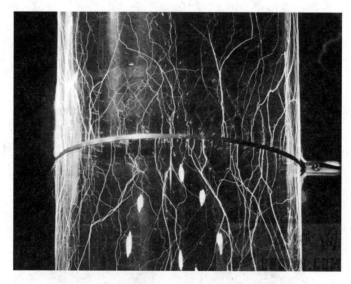

图 6.1.6　沿面放电

电压升高后，可以看到圆形电极附近的空气产生蓝光，这叫光晕放电。

电压继续升高，蓝光愈加强烈，这叫辉光放电。

当电压继续升高，玻璃板表面会出现树枝状的放电现象，这就是滑闪放电。

在电力系统中，当打雷或者系统内部电压升高时，就会出现这种放电，造成电力设备损坏。所以我们才要对沿面放电进行深入的实验研究，以预防它带来的危害。

高频高压长间隙放电。这是形状类似蘑菇的装置。它的发明人是美国著名的发明家尼古拉·特斯拉，这个设备就叫作特斯拉变压器，这种变压器的放电就被称为特斯拉放电。特斯拉变压器顶端有一个圆盘形的电极——均压环。进入工作状态后，均压环上的两个电极向接地电极放电，放出连续的蓝色火光。电压足够高时，特斯拉变压器放电可以击穿一到两米的空气间隙，发出白色的光带，恰似雷电一般。其实雷电就是最常见的高频高压放电，当然雷电电压可高多了，能达到几千亿伏。

◆ 手指放电。吊环的开头徐徐下降，将特斯拉变压器与实验用模特的手连接起来。启动特斯拉变压器，高压将使穿着高压防护服的模特的手指发出长长的亮光。即使是真人，也可以做这项演示，因为绝大部分电流从防护服通过，人体不会受到伤害。

◆ 旋转放电。看到那个风车状的圆盘了吗？当它与高压端连接时，特斯拉变压器的高压将使环状电极的顶端发出火光，放电现象使得圆盘旋转起来，所以人们叫它旋转放电（图 6.1.7）。

图 6.1.7 旋转放电

特斯拉变压器的放电，让大家看到了长间隙放电的现象，认识了高压电。特斯拉变压器不仅能用于绝缘实验，还可应用于无线电、电视机、胶片工业和其他电子设备中。

不必怒发也可冲冠——范德格拉夫静电发生器

静电对于我们来说并不陌生，在日常生活中常会遇到。当你脱下毛衣和其他化纤织品的衣服时，衣服和头发相摩擦，就能听到"啪啪"的响声。假如在黑暗中，还可以看到一道道闪光。这是摩擦产生的电又相互中和的过程。在比较干燥的季节，如果穿有一定绝缘性的鞋或在比较绝缘的地上（如地毯）行走，由于衣服之间的摩擦，人体就会带电，有时电压可达几千伏，相当于警棍的电压，两人握手时就会有电击感。

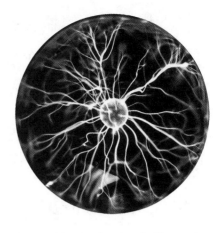

在科技馆展厅内放着一个球形的展品，它就是范德格拉夫静电发生器（图6.1.8）。展品通过底座的电动机带动皮带轮，使皮带不断地将由梳状电极尖端放电产生的电荷往上传，达到顶端后，即被金属刷"梳

图6.1.8　范德格拉夫静电发生器

走"。电荷从金属刷传到金属球壳的外表面。此法可以使圆顶盖积聚大量电荷而使电压达到 20 万伏至 30 万伏。如果你将手放在金属球壳上，并站在一块绝缘材料上，由于头发有微弱的导电性，一部分电荷传到头发上，你的头发就竖立起来啦！虽然你笑得很甜，但一样可以怒发冲冠哟。

它为什么被称为范德格拉夫静电发生器呢？因为它是美国人范德格拉夫发明的。

产生静电的原因很多，摩擦起电就是其中之一，也是最常见到的。此外，物体变形和物体破碎时也可能产生静电。静电感应产生的静电也是较常见的。

随着科学技术的发展，静电现象在生产上也得到了越来越广泛的应用。我们最为熟悉的静电复印机就是利用静电正、负电荷能互相吸引的原理制成的。

科学档案

我不是永动机，请叫我魔力水车

说起这个魔力水车，仔细观察会发现，水车叶轮和叶片的连接部分有灰黑色的金属片。当叶片进入水中时，金属片会发生形状的改变，这是为什么呢？原来制造叶片的材料是形状记忆合金，而形状记忆合金具有记住自己在某一特定温度下的形状的功能。更为奇特的是，随着外界温度的高低循环变化，合金的形状变化也是循环往复的，表现出了一种与温度有关的形状记忆功能。由于水是热的，约 60 摄氏度，叶片从热水中吸取能量、发生形变，而叶片形变给了水作用力，水反过来给叶片一个反作用力，最终推动水车转动。就像我们划船一样，船桨在给水作用力的同时，水也给船桨一个反作用力，船就往前走了。当叶片出水后，温度慢慢下降，叶片又恢复到了原来的形状，周而复始，不断地推动水车。这就是魔力水车的奥秘所在（图 6.2.1）。不过，它可不是永动机，因为水车转动消耗的

比一比，谁的记忆力更好呢？

图 6.2.1　魔力水车

是水温的能量。

形状记忆合金的应用领域很多，主要运用在航空航天、工业和医药等领域。如空间飞行器的天线、卫星的

太阳能电池板，为了减小体积，在模拟太空的温度下进行加工，然后把它们卷起来，装在卫星上，等到了太空它们就可以自行伸展开进行工作。又比如医生用的接骨工具、矫正牙齿用的金属丝，都是用形状记忆合金制作的。而与我们生活息息相关的很多电器，如冰箱、空调、微波炉的温控开关，也都是由形状记忆合金制造的。

无法预测的才最吸引人——混沌摆

混沌摆是科技馆展厅中一个非常吸引人的展品。它的结构不复杂，是由一个大摆与三个小摆连接组成的，但是这样一个简单的结构却说明了混沌系统最重要的特征（图6.2.2）。

图 6.2.2　混沌摆

为什么管这个展品叫"混沌摆"呢？因为单摆运动时很容易预测它的运动轨迹，但是好几个摆在一起运动时，其运动轨迹会相当复杂，其中每一个摆都会影响其他摆的运动，从而使整个运动处于混沌状态，无法预测。

此外，同学们每一次旋转混沌摆的铜把手时，仔细观察摆臂的运动，就会发现每一次摆的运动状态都是不一样的。即使是多次旋转铜把手，也不会找到两次完全相同的运动过程，这是因为你无法使每一次摆的运动初始条件（即旋转铜把手时的用力、速度等）都完全相同，它们总会存在或大或小的差异，因此摆的运动状态也就千差万别。假如你每次都能使摆的运动初始条件绝对相同，那么摆的每次运动过程将完全相同，不过，这几乎是不可能的。这种对初始条件的极端敏感性，是混沌系统的一个重要特征。这组简单的摆恰恰反映出这一特征，因此被人们称为混沌摆。

动手实验

魔力筷子

把一根筷子插入装着米的杯子中，你能用筷子把杯子和米一块儿提起来吗？

材料：塑料杯、米、筷子

步骤：

1.将米倒满塑料杯。

2.用手将杯子里的米按一按。

3.往杯中注水，再用手使劲按一按，将一根筷子插入米中。

轻轻提起筷子，杯子和米一起被提起来了！

原理：米吸水膨胀会压紧筷子，在接触面粗糙程度不变时，由于压力增大，米粒与筷子之间的摩擦力也会加大，当二者之间的摩擦力大到与重力平衡时，就能用筷子把整杯米提起来了（图6.3.1）。

| 塑料杯 | 米 | 筷子 |

1	将米倒进塑料杯
2	往杯子中倒水
3	插入筷子，并轻轻提起

图 6.3.1 魔力筷子

火眼金睛辨鸡蛋

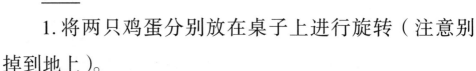

如何不打破一个鸡蛋就能判断出它是生是熟呢？

材料：生、熟鸡蛋各一只

步骤：

1.将两只鸡蛋分别放在桌子上进行旋转（注意别掉到地上）。

2.你看到了什么现象呢？一个转得快，几乎停不下来；另一个转两下就停了。熟的那个转得快，生的那个转得慢。

原理：因为熟鸡蛋的蛋黄和蛋清固定，所以旋转平稳，而生鸡蛋由于蛋液有惯性而不随外壳旋转，摇晃不定，会很快停止转动。

会轻功的报纸

不用胶水、胶布，报纸就能被贴在墙上掉不下来。难道它会轻功？

材料：一支铅笔、一张报纸

步骤：

1. 展开报纸，把报纸平铺在墙上。

2. 用铅笔的侧面迅速地在报纸上摩擦几下后，报纸就像粘在墙上一样掉不下来了。

3. 掀起报纸的一角，然后松手，被掀起的角会被墙壁吸回去。

4. 把报纸慢慢地从墙上揭下来，注意倾听静电的声音。

原理：摩擦报纸，会使报纸带上静电。由于静电的吸附作用，带电的报纸被吸到了墙上。当屋子里空气干燥时（尤其是在冬天），如果你把报纸从墙上揭下来，还会听到静电发出的"噼啪"声（图6.3.2）。

想想看，还有谁会"轻功"？试一试，还有什么物品能不用黏合剂，而通过静电作用粘在墙上？

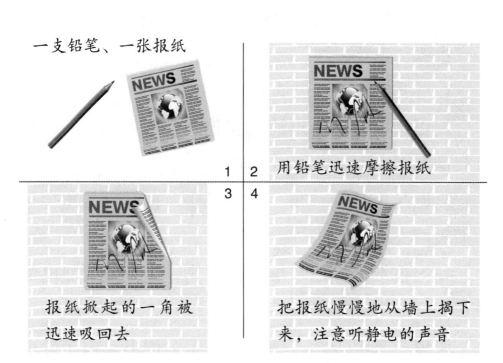

一支铅笔、一张报纸

1 2 用铅笔迅速摩擦报纸

3 4

报纸掀起的一角被迅速吸回去

把报纸慢慢地从墙上揭下来，注意听静电的声音

图 6.3.2　会轻功的报纸

趣味故事

混沌与蝴蝶效应

在混沌学出现之前，科学家把事物的运动变化状态分为两类，一类是决定性现象，这类现象是有序的，人们可以准确地预言有关系统的发展变化。另外一类现象是随机现象，这类现象只能用概率来表示系统的未来状况，不能准确预言事态将是什么样子。例如向上抛一枚硬币，人们只能预言硬币下落到桌子上时国

> **小贴士：**
>
> 　　在科学上，如果一个系统的演变过程对初态非常敏感，人们就称它为混沌系统。研究混沌运动的学科，叫作混沌学。

徽面和数字面朝上的概率各为二分之一，而不能确定每一次落下究竟哪一面朝上。

　　早在 20 世纪初（1903 年），法国数学家彭加勒就指出，在预测事物未来状态时，初始条件的细微差异都将会导致最终结果的巨大差异。1975 年，美国数学家约克和美籍华裔科学家李天岩将这种现象命名为混沌。这样，就在决定性现象和随机现象之外，出现了第三种现象——混沌现象。

　　发生混沌现象的系统，其运动规律虽然可以用数学方程描述，但事物的发展后果并不可以预测。气象学家洛伦兹曾对混沌系统的这一特征做了一个形象的比喻：这就好像在南美亚马孙热带雨林中一只蝴蝶扇动了一下翅膀所引

起的气象变化，将有可能导致两个星期后美国得克萨斯州的一场龙卷风。由于这个比喻精彩绝伦，人们就把初始状态值对混沌系统运动的影响称为"蝴蝶效应"。

混沌现象也有自身的"结构"和规律。混沌学可以运用在许多领域。20 世纪 70 年代，生理学家发现，人类心脏中的混沌现象，有着惊人的有序性。生态学家运用混沌学探索了树蛾群体的减少与增多的规律。

经济学家运用混沌学研究股票价格上升下降的数据。云彩的形状、雷电的径迹、血管在显微镜下所见的交叉缠绕、星体在银河系中的集簇等，无一不显示着混沌现象的规律。

静电的危害

前面的范德格拉夫静电发生器很神奇吧？利用静电的例子不少，可事物都是一分为二的，有正面必然有反面。那么静电有什么副作用呢？

静电的危害很多，它的第一种危害是带电体的互相作用。例如飞机在飞行时，飞机机体与空气、水汽、灰尘等微粒摩擦时会使飞机带电，如果不采取措施，将会严重干扰无线电设备的正常工作，使飞机变成"聋子"和"瞎子"而发生危险。虽然静电复印给大家带来了方便，但在印刷厂里，纸页之间的静电会使纸页贴在一起，难以分开，给印刷带来麻烦。在制药厂里，由于静电吸引尘埃，会使药品达不到标准的纯度。打开电视时，荧屏表面的静电容易吸附灰尘，形成一层尘埃，使图像的清晰程度和亮度降低。混纺衣服上常见而又不易拍掉的灰尘，也是静电捣的鬼。

静电的第二大危害，是因静电火花点燃某些易燃物体而发生爆炸。在黑暗的环境中，我们脱下尼龙、毛料衣服时，会发出火花和"啪啪"的响声，这对人体基本无害。但在手术台上，电火花会引起麻醉剂的爆炸，伤害医生和病人；在煤矿，静电则会引起瓦斯爆炸，导致工人死伤，矿井报废。大家看到油罐车都拖着一条金属"小尾巴"，就是为了把静电引向地面，防止电荷积累引发爆炸。

博物馆参观礼仪小贴士

同学们，你们好，我是博乐乐，别看年纪和你们差不多，我可是个资深的博物馆爱好者。博物馆真是个神奇的地方，里面的藏品历经千百年时光流转，用斑驳的印记讲述过去的故事，多么不可思议！我想带领你们走进每一家博物馆，去发现藏品中承载的珍贵记忆。

走进博物馆时，随身所带的不仅仅要有发现奇妙的双眼、感受魅力的内心，更要有一份对历史、文化、艺术以及对他人的尊重，而这份尊重的体现便是遵守博物馆参观的礼仪。

1. 进入博物馆的展厅前，请先仔细阅读参观的规则、标志和提醒，看看博物馆告诉我们要注意什么。

2. 看到了心仪的藏品，难免会想要用手中的相机记录下来，但是要注意将相机的闪光灯调整到关闭状态 ，因为闪光灯会给这些珍贵且脆弱的文物带来一定的损害。

3. 遇到没有玻璃罩子的文物，不要伸手去摸，与文物之间保持一定的距离，反而为我们从另外的角度去欣赏文物打开一扇窗。

4. 在展厅里请不要喝水或吃零食，这样能体现我们对文物的尊重。

5. 参观博物馆要遵守秩序，说话应轻声细语，不可以追跑嬉闹。对秩序的遵守不仅是为了保证我们自己参观的效果，更是对他人的尊重。

6. 就算是为了仔细看清藏品，也不要趴在展柜上，把脏兮兮的小手印留在展柜玻璃上。

7. 博物馆中热情的讲解员是陪伴我们参观的好朋友，在讲解员讲解的时候不要用你的问题打断他。若真有疑问，可以在整个导览结束后，单独去请教讲解员，相信这时得到的答案会更细致、更准确。

8. 如果是跟随团队参观，个子小的同学站在前排，个子高的同学站在后排，这样参观的效果会更好。当某一位同学在回答老师或者讲解员提问时，其他同学要做到认真倾听。

记住了这些，让我们一起开始博物馆奇妙之旅吧！

博乐乐带你游博物馆

亲爱的小读者们，我博乐乐来啦！上次带大家游览了几个很有特色的博物馆，相信你们已经领略到了博物馆的神奇！让我们继续博物馆之旅，这次，我要带领大家一起参观的，是集合了尖端科技与身边科学的奇妙之地——科技馆，快跟我出发吧！

鲁班锁中的奥秘——中国科学技术馆

地址：北京市朝阳区北辰东路 5 号

开馆时间：周二至周日 9:30—17:00

闭馆时间：周一（国家法定节假日除外），

除夕及正月初一、初二

门票：普通票 30 元 / 人，学生票 20 元 / 人

电话及网址：010-59041000

http://www.cstm.org.cn

> **小提示：**
>
> 中国科学技术馆坐落在北京著名的奥林匹克公园中心区东北部，向南比邻美丽的鸟巢和水立方，向北遥望广袤的森林公园，依山傍水、美不胜收。它是一座魔方似的正方体建筑，看起来由若干个积木块相互咬合而成，寓意着"探秘"和"解锁"。

暑假来临了，这是我最喜欢的时间。这个夏天，我有一个新计划——游遍国内著名的科技馆。今天，带着老师布置的作业，我来到了中国科学技术馆。

进入一层西门售票大厅，我直奔自己最喜爱的"科学乐园"展厅。展厅里早已人声鼎沸，穿过五颜六色的积木房子，我找到了老师布置的作业——"小球历险记"展品。还没走近展品，只听"啊——"的一声大叫从不远处传来，原来是几个小朋友正在合力完成"小铁球的旅行"。

只见几个分工合作的小朋友分别摇动各自负责部分的螺旋柄，帮助轨道上滚动的小球完成不同轨道的冒险——小球忽而径直前进，忽而弹射升空，忽而坠入大桶……一切奇妙的事情都在人力的作用下一一实现。

参观完一层的"科学乐园"展厅，我又来到了紧小提示：

科学乐园"是专门为 3 至 10 岁小朋友设置的展厅。走进这个展厅，仿佛到了一座科学城堡，有各种积木搭建的房子，触摸就能发声的"音乐墙"，甚至还有小型模拟医院。在这里，小朋友们可以驾驶飞船进行山林探秘，在戏水湾中享受嬉水的乐趣，还可以在欢乐农庄中体验播种、插秧、收割的乡间耕作生活。

邻的"华夏之光"展厅。听说这里展示的是我国古代劳动人民的智慧结晶，不仅有各种用于古时水利的机械工具，如桔（jié）槔（gāo）、龙骨水车，还有神奇的记里鼓车。它们到底长什么样子，我真是充满了期待。

"桔槔"念 jié gāo，不念 jú gāo，是古代汲水的一种工具。

小提示：

　　"华夏之光"展厅展示了中国古代在采矿、冶金、农业机械、丝织等技术领域的创新发明，在这里小朋友们可以穿越时空隧道回到古代，感受古代科学家在医学、天文学、算学、物理学等方面的成就。

　　从"华夏之光"展厅出来，已经是中午了，可是我还想看看来自云南楚雄的恐龙化石。

　　忍着饥饿来到二层的公共展厅，三具三米多高的侏罗纪恐龙化石把我震撼了，"最高的恐龙化石"这样的称呼还真不是盖的！

　　一口气参观完了二层的"探索与发现"展厅，我可得先去吃饭了。位于三层和四层的"科技与生活"

小提示：

　　中国科学技术馆对外开放的空间共有五个楼层（地下一层至地上四层），包括"科学乐园""华夏之光""探索与发现""科技与生活""挑战与未来"五大主题展厅，还有四个特效影院。每周，报告厅都会定时举办由院士主讲的"科学论坛"活动，感兴趣的观众可以免费参加。

小提示：

中国科学技术馆特效影院包括球幕影院、巨幕影院、动感影院、4D 影院，在这里可以体验各类影视特效的刺激，领略人与自然之美。

和"挑战与未来"展厅来不及参观了，虽然有点儿遗憾，不过给下次的中国科学技术馆之行留下了一点儿悬念，也不错。

走出中国科学技术馆，我不禁感叹，科学真的太奇妙了。虽然这次参观没有尽兴，留下了些许遗憾，但我在这里开阔了视野、增长了见识。中国科学技术馆，寒假再见！

奇幻螺旋水晶宫——上海科技馆

地址：上海市浦东新区世纪大道 2000 号

开馆时间：周二至周日 9:00—17:15

闭馆时间：周一（国家法定节假日除外）

门票：普通票 60 元 / 人，学生票 30 元 / 人

电话及网址：021-68622000

http//:www.sstm.org.cn

小提示：

上海科技馆位于上海浦东新区行政中心区内，建筑呈西低东高的螺旋上升形态，寓意着自然、人、科技将在和谐中走向充满希望的美好未来。建筑中间是一个标志性的巨大玻璃球，镶嵌在一潭清水之间，它象征着生命的诞生。

假期的一个周末，我随着家人来到了上海，曾举办过 APEC（亚太经济合作组织）第九次领导人非正式会议的上海科技馆，自然是我这个小科技迷的周末出行首选。从地铁 2 号线上海科技馆站出来，一座造型奇特、如同水晶宫般晶莹剔透的建筑出现在面前……

从 2 号门步入上海科技馆大厅，这里十分宽敞明亮，我们仿佛置身于一个巨大的水晶球中。由于事先在网上做了功课，我直接奔向位于一层的"动物世界"展，去那里参观难得一见的来自五大洲百余种珍稀的土著"居民"。

快看，那只豹子要进攻了！

小提示：

　　"动物世界"展是由世界轮椅基金会捐赠、上海科普教育发展基金会与上海科技馆主办的特别展览。它历经三年精心打造，展览面积 2000 平方米，集中展示了非洲、美洲、大洋洲、欧洲和亚洲五大洲 110 种、186 件精美的珍稀野生动物标本，总价值超过 1500 万美元。它集五大洲独特的地理环境和濒临灭绝的野生动物于一体，深邃迷离的自然丛林和难得一见的动物标本，构成了一个跨越时空的浓缩版"动物世界"。

　　离开了狂野奔放的"动物世界"展，我突然发现隔壁现代建筑内居然传出了鸟叫的声音，侧耳细听，声音来自旁边"生物万象"展区。展区内首先映入眼帘的是许多交叉盘错的绿色植物，郁郁葱葱，好不繁密；向远处望去，居然还有顺石阶而流的溪水……随我去一探究竟吧。

　　从"生物万象"展区探秘出来，我找到了传说中的"机器人世界"展区。那里的机器人真的很厉害，不仅会下棋、射箭，还会唱京剧呢。

　　离开"机器人世界"展区，还剩下一点儿时间，

小提示：

在"生物万象"展区中，分布着上万株来自热带雨林的植物，你可以欣赏到生态多样性和生物对生态环境的适应性。其中，"蝙蝠洞""两栖爬行角""微观世界""昆虫园""鸟类王国"等都是小朋友们喜爱的场所。展区通过自然之美的展示，呼吁小朋友们乃至全社会来关注对生物多样性的保护，共同维护生态平衡。

去哪儿好呢？对了，生态灾变剧场有高科技手段模拟的山洪暴发、泥石流等自然灾害场景演示，去看看！

看完多媒体演示，我的心情十分沉重。

不知不觉闭馆的时间到了，还有很多展区没来得及体验，以后有机会再来吧。

小提示：

在"机器人世界"主题展区，你可以与机器人棋手一较高低，与机器人神箭手比试百步穿杨。你还可以到"机器人小剧场"欣赏一段完全由机器人表演的京剧《三岔口》。

小提示：

通过一条林荫通道进入位于森林深处的茅屋，观众可以观看到一场运用视频、机械模型、声光电等手段进行的生态灾变多媒体演示，了解工业革命后由于人类对环境的破坏而带来的各种问题。

我们一定要从现在开始做起，以实际行动来保护人类赖以生存的地球家园。

木棉花的奇异世界——广东科学中心

地址：广东省广州市大学城西六路 168 号

开馆时间：周二至周五 9:30—16:30

　　　　　双休日及国家法定节假日 9:30—17:00

闭馆时间：周一（国家法定节假日除外）

门票：普通票 60 元 / 人，学生票 30 元 / 人

电话及网址：020-39348080

　　　　　http://gdsc.southcn.com

小提示：

广东科学中心位于广州大学城小谷围岛的最西端，历时5年建成，2008年9月27日正式对公众开放。展馆整体建筑形象为"科技航母"，从正面看，像一只灵动的科学"发现之眼"；从侧面看，像一支整装待发的"舰队"；俯瞰整个建筑，酷似一朵盛开的木棉花，美轮美奂。

我的阿姨是中山大学的老师，这个暑期她邀请我去广州大学城参观。作为此行的附属福利，阿姨带着我参观了位于广州大学城内的广东科学中心。

从入口处的售票大厅买完门票，从事航天研究工作的阿姨首先带着我参观了"飞天之梦"展区。"飞天之梦"展区中有许多游戏和模型，还有很多表演，但我最喜欢的还是穿上太空服，做一回宇航员。

太空服是宇航员上太空的必需品，虽然以前经常在电视上看见，但是从来没有近距离地看过、摸过，这一次我终于在广东科学中心实现了愿望。

小提示：

"飞天之梦"展区分为"挑战天空""飞向太空"和"星际探秘"3个区域，共50个展项。展馆通过大量互动游戏体验的方式，展现了人类对飞行的探索和对宇宙的认识，从而激发观众进一步探寻太空、献身航天事业的热情。

离开了"飞天之梦"展区，阿姨又带我参观了"儿童天地""实验与发现"以及"感知与思维"三个主题展区，让我印象最为深刻的还是"感知与思维"展区的镜子迷宫。镜子迷宫中各种实像、虚像简直让人头

小提示：

感知与思维能力是人类了解和认识世界的基础，认识自我、探索心智的奥妙，是人类永恒的主题。"感知与思维"展区以人的认知过程为主线，结合认知科学、脑科学的前沿知识，并通过设置44个有趣的感知活动展项，让观众通过亲身体验来感知人的心理变化过程的奥秘，引发观众对思维活动的思考。它分为"感知花园""错幻觉王国"和"思维空间"三个区域。

好晕啊，出口在哪儿呢……

昏脑涨，分不清哪里是镜子，哪里是通道，最终我是在阿姨的帮助下才找到了正确的道路。科学的世界真是奇妙无穷啊！

参观期间，恰逢馆内"小谷围科学讲坛"邀请广东省禽流感专家组专家毕英佐老师讲授"H7N9型禽流感会不会传染人"的主题知识，我聆听了有关H7N9病毒的科普知识，回去我就是班上的小小科普专家啦！

一天的科学之旅就这样结束了，我心满意足地和阿姨一起离开了广东科学中心。随着科技馆旅行的结束，暑假也接近尾声了。

小提示：

"小谷围科学讲坛"以广东科学中心所在地小谷围岛命名。讲坛的主旨是传播自然科学知识，普及科学精神和科学方法。讲坛邀请来自世界各地的一流专家、学者前来演讲，内容涉及航空航天、古生物研究、极地科学、天文探测、环境保护、气候气象、地理地质等多个学科领域。

　　一个暑假的科技馆之旅，我既看到了尖端技术，也看到了身边的科学原理；既了解了中国古代智慧，也感受到了现代科技成就。我深深地感觉到，人类对科技的探索与追求永远不会止步！

难忘的旅程

《四海遗珍的中国梦》《阅读最美的建筑》……一本本图文并茂的"博物馆里的中国"付梓，心里有喜悦、激动，更有诸多的期待和祝福，希望每个读到这套书的读者，都能和我们一样，发现博物馆的美好，爱上这个珍藏着人类文明记忆的地方。回首从确立选题到图书出版的一千个日日夜夜，有许许多多的记忆片段闪现在脑海。

2012年，编辑有幸结识了中央民族大学博物馆学、人类学教授潘守永先生，进而走近了"四月公益"——一个由众多年轻人参与组织的博物馆志愿者协会，认识了连续11年为孩子做义务讲解的"朋朋哥哥"……在一次次交谈中，我们被潘教授以及他的专家团队、被孩子们口中的朋朋哥哥和他的"草根团队"对博物馆的热爱所感动，对当下博物馆减免门票、开始走进大众生活展开讨论，从而萌生了编写和出版一套专门给青少年读者阅读的博物馆类图书的想法，告诉他们博物馆里有知识，有文化，有过去、现在和未来，博物馆里有一个丰富绚烂、多姿多彩的中国。

中国已经有了超过 4000 家各类博物馆和数以亿计的藏品，如何从浩如烟海的藏品中选择出最具历史文化价值的藏品，同时用既能体现藏品背后的文化底蕴、科学知识，又能为孩子所喜欢的形式展现出来？如何保证图书的前沿性、专业性、权威性、传承性和趣味性？由此，编辑踏上了一段虽辛苦却乐在其中的旅程。

● 博物馆之旅有他们同行，我们走得更坚实。

我们实地走访、电话拜访了全国 80 多家重点博物馆，面见约谈了 30 位以上博物馆专业的专家、学者和博物馆爱好者，并召开 10 次以上大中小型讨论会，确立了由 2 位主编、8 位编委、20 位作者组成的创作团队。其中有省级重点博物馆相关部门负责人，有博物馆学教授，有博物馆相关研究领域专家，还有中国国家博物馆、首都博物馆、中华世纪坛世界艺术馆义务讲解员等，他们的背后还有多位大学教授、专家学者，以及中国科学院院士的学术支持。

● 旅途中，时常会有惊喜闪现。

走访博物馆时，年轻却无比敬业、专门给孩子进行讲解的讲解员给每一块矿石找到"萌点",将高深的知识转化为生动的语言,这位可爱的讲解员哥哥,最后被我们吸收进了创作团队;召开编委会时,主编为了启发作者的思路,讲述无数藏品背后的小故事:马王堆出土的帛书是由博物馆的老师傅经过 3 个月的悉心修复才得以呈现它的本来面目,而三星堆的权杖更是经过了长达半年的处理才重现原貌……

● **敬业的编辑团队,让博物馆之旅充满了创意。**

开始创作,旅行进入了最精彩的阶段。编辑翻阅了很多博物馆方面的图书,观看和历史、文化有关的电视纪录片,与作者反复沟通,希望在藏品的海洋中选取最具代表性的珍宝,为读者呈现出精华中的精华;审读样稿的过程中反复斟酌,找到最适合孩子的表述方式,并对书中的几千张精美图片、几百幅卡通插图,一一写出文字建议。细心的读者可以发现,这部丛书每一页的版式设计、文字、照片、插图都经过精心设计和巧妙构思。我们力求让文字和插图"活起来",让藏品如一个个精灵般站在读者面前,把自己的故事讲给读者听。

● "创新"是这段旅程中的关键词，它几乎无处不在。

这套书摒弃了以馆划分的传统，以更为灵活、富有趣味性的"主题"分册；介绍藏品时，完全以故事的形式进行呈现，彰显了中国五千年文明的奕奕神采；为全面展示中华悠久文明，我们将流落海外且数量巨大的中国文物收入一册；此外，每册图书后均加入了"博物馆参观礼仪小贴士""博乐乐带你游博物馆"等互动环节，让孩子们读过此书，在真正走进博物馆时，随身所带的不仅仅是一双发现的眼睛，更怀有一颗对历史、文化、艺术的尊重之心。

这一次"博物馆里的中国"之旅，我们遇见了600余件藏品，分布于国内外近150家博物馆。这些藏品或在中国历史上具有断代的作用，或在海内外具有极高的知名度，或能体现中华民族传统文化精髓，或能展示中国从古到今的科技成就……由于图书篇幅所限，我们对博物馆内的藏品必须有所取舍，无法面面俱到，但窥一斑而知全豹，中国古往今来的发展历程，丰富灿烂的文化传承，在这套书里还是得到了非常真切的展现。那些更多的图书之外的藏品和故事，等待着读者们亲自走进博物馆去发现！

　　"博物馆里的中国"跨越历史，把流金岁月里经时间长河洗礼而愈加熠熠生辉、异彩纷呈的文化呈现在读者面前。如果亲爱的读者在放下本书后，能够真切地感受到中华文化的博大与美好，萌生去探寻博物馆里的中国的好奇之心，从而走进博物馆、爱上博物馆，便是本丛书编写队伍所有参与者最大的快乐。

编　者

2015 年 8 月